读懂社会 现实做人

华 业/编著

中国商业出版社

图书在版编目（CIP）数据

读懂社会　现实做人 / 华业编著 . — 北京：中国商业出版社，2008. 4

ISBN 978-7-5044-6128-5

Ⅰ. ①读… Ⅱ. ①华… Ⅲ. ①人生哲学 — 通俗读物 Ⅳ. ① B821-49

中国版本图书馆 CIP 数据核字（2008）第 047906 号

责任编辑：唐伟荣

中国商业出版社出版发行
010-63180647　www. c-cbook. com
（100053　北京广安门内报国寺 1 号）
新华书店经销
天津冠豪恒胜业印刷有限公司印刷
*
710 毫米 ×1000 毫米　16 开　17 印张　230 千字
2008 年 5 月第 1 版　2019 年 3 月第 2 次印刷
定价：48. 00 元

*　*　*　*

（如有印装质量问题可更换）

前言
PREFACE

在生活中，总是有这样一类人，他们想的很多，做的却很少，甚至没有；他们觉得别人这也不好那也不行，实际上自己还不如人家；他们总是期盼世界会发生奇迹，使自己一夜之间变成亿万富翁，而奇迹从来也没有发生；他们总是喜欢把事情留到明天，而明天留到再明天；他们觉得自己很高贵，不愿意谈钱，那是因为他们没有钱；他们拒绝别人的帮忙，以免显得自己很无能；他们总是很固执，撞了南墙也不回头……

我们管这种人叫做“空想家”，他们整天就像生活在云里雾里一样，喜欢用想像来满足自己的需要，从来也不肯脚踏实地地做一点事情。事实上，我们也可以把这种人和“失败者”画等号，因为他们注定要一事无成。他们把如花的岁月交给空洞的暇想，把现实的社会看成是毒蛇猛兽。他们还能做什么呢?

在这个现实的社会里，做人必须要现实一点，否则就要被它所淘汰。而做人要现实，首先就要放弃空想，脚踏实地地做点事。要知道，任何一个人的成功都不是一蹴而就的，都是用辛勤的汗水换来的。你只有一步一个脚印，克服了重重困难，才有可能登上事业的巅峰。

当然，在你勤勤恳恳、兢兢业业的同时，也要多长个心眼，要懂得争取自己的利益，而不能“只问耕耘，不问收获”。要知道，这是一个世俗的世界，一切价值都是用金钱来衡量的，你有了金钱，就代表着拥有了成功。作为一个“现实”的人，就要树立这样一个思想：钱不是万能的，同时，没有钱却是万万不能的。

随着社会的发展，人际关系成为一个人发展的重要条件。所以，作为一个“现实”的人，还要具备卓越的交际能力。首先要有一张能说会道的嘴，见什么人说什么话，什么情况下该说什么不能说什么，懂得这些，会让你抓住很多人的心，结交很多朋友。当然，有了朋友不会用也是白搭，从某种意义上讲，朋友就是要互相帮助、互相利用的。俗话说，“一个篱笆三个桩，一个好汉三个帮”。假如你想要成就事业，绝对少不了朋友的帮忙。

对于你来讲，这些帮你的朋友都是贵人，绝不能含糊。但是，这并不是说，任何朋友都可以信任。这个世界上是有小人的，假如你交上了一个坏人做朋友，那么就有可能被他引上歧途，那时候再想回头就迟了。所以，“现实”的人要懂在交友之时先设防，以免被朋友骗。同时，对于朋友的请求，能帮忙尽量帮忙，不能帮或者说帮不了，就要直接说“不”，否则，如果你勉强答应了却完不成，只能使局面更尴尬。

“现实”的人做人内心有准则、有尺度。其中，做人不要太张扬是很必要的，不管你有多大才能，都要处世低调，这样才不致处处遭嫉，时时受阻。另外，“现实”之人还应该有清醒的头脑，对大局要把握好，不能一条道走到黑。因为坚持不懈固然是一种值得赞扬的精神，但坚持过了头就成了固执，就会碰壁，就会栽跟头。

总之，在现实生活中，有许多人抱有太多幻想，处世很单纯、幼稚，尤其是一些年轻人，不了解社会是复杂的，所谓“初生牛犊不畏虎”，一味地蛮撞硬碰，结果吃了不少亏。针对这一现象，我们编写了这本书，总结前人经验，阐述最新观点，为的是让大家在为人处世之时，多一份成熟，少一点羁绊，从而使人生之路走得更加顺利。

目录

CONTENTS

第一章　脚踏实地，不要当个空想家

做人要有理想，这是应该的，因为有了理想才会有奋斗的目标，才会有成功的动力。但是，理想不等于空想，理想必须要切合实际。在我们的生活中，有许多做“白日梦”的人，他们整天沉迷于一些无聊的幻想之中，从来不肯实实在在地做一些事情。他们希望天上掉馅饼，希望一夜暴富，希望出现什么奇迹。然而，时间就这样在他们充满期待的眼神中流走了，奇迹没出现，天上没有掉馅饼，他们一直过着穷人的生活。于是，他们又自暴自弃，觉得自己没有成功的“命”。其实，任何一个人的成功都不是一蹴而就的，都是脚踏实地、一步一个脚印走过来的，都是用辛勤的汗水，用自己的智慧换来的。所以，做人要想有所成就，就必须丢掉那些虚妄的空想，现实一点，踏踏实实地做工作。

1. 每天进步一点点

很多人都会有这样的疑问：成功和失败之间的差距究竟在哪里呢？答案因为具体情况而各不相同，但有一条却得到了众多成功者的认可，那就是他们都懂得积少成多的道理，每天走一小步，十天就是一大步；每天进步一点点，伟大的成功就在前面。

成功与失败之间的距离，并不像大多数人想像的是一道巨大的鸿沟。它们的差别只在一些小小的动作上：每天花五分钟阅读，多打一个电话，多一个微笑，演出时多费一点心思，或在实验室中多试验一次……听听伟大的哲学家冯·哈耶克的告诫："如果我们多设定一些有限定的目标，多一分耐心，多一点谦恭，那么，我们事实上倒能够进步得更快且事半功倍；如果我们自以为是地坚信我们这一代人具有超越一切的智能及洞察力并以此为傲，那么我们就会反其道而行之，事倍功半。"

有位牧师问一名学者："你知不知道任何有关南非树蛙的情况？""不知道。"学者有点惊讶地回答他。牧师说："你可能不想知道南非树蛙的情况，但如果你想知道，可以每天花五分钟阅读相关资料。坚持下来，五年内你就会成为最懂南非树蛙的人。有人会付你一大笔钱，就为听听你对南非树蛙的意见。想想看，只要持续五年内，每天花五分钟阅读相关资料，你就能够成为南非树蛙这领域中最具权威的人。"

每当你觉得成功遥不可及的时候，就想想牧师的话，成功就这么简单，只要每天投资五分钟的时间（仅仅五分钟！），你就可以成为某一领域的专家。

所以说，成功就是每天持续不断地进步一点点。每天进步一点点是卓越的开始；每天创新一点点是领先的开始；每天多做一点点是成功的开始。成功与失败往往只差这么一点点，告诉自己：只要我能每天这么做，我就不会被失败击倒。

人生就是一个追求卓越的过程。你只需要今天比昨天进步1%，即坚持“百分之一法则”，每天进步一点点，就已经开始踏上卓越之路了。前洛杉矶湖人队的教练派特雷利十分清楚这一法则，他在湖人队处于最低潮时，告诉12名队员说：“今年我们只要每人比去年进步1%就好，有没有问题！”球员一听：“才1%，太容易了！”于是，在罚球、抢篮板、助攻、抄截、防守一共五方面都各进步了1%，结果那一年湖人队居然得了冠军，而且是最容易的一年。有人问教练，为什么这么容易就得到冠军呢？教练回答说：“每人在五个方面各进步1%，则为5%，12人一共60%，一年进步60%的球队，你说能不得冠军吗？”

你也应该遵循这个法则，让自己每天进步1%，只要每天进步1%，你就不必担心自己不会成功。在每晚临睡前，一定自我分析：今天我学到了什么？我有什么做错的事？今天我有什么做对的事？假如明天要得到我要的结果，有哪些错误不能再犯？反问完这些问题，你就能够比昨天进步1%。

无止境的进步，就是人生不断卓越的基础。在人生中的各方面都照这个方法做，持续不断地每天进步1%，一年便进步了365%，长期下来，你一定会拥有一个高品质的人生。不用一次大幅度的进步，一点点就够了。不要小看这一点点，每天小小的改变，会有大大的不同。

其实，人生的差别就在这一点点之间，如果你每天与别人差一点点，几年下来，就会差一大截。将这个信念用于企业、销售、家庭、爱情、个人成长、身体健康或者经济收入上，你的人生一定会有180度的大转变。所以，请遵循百分之一法则，将你远大的目标分解开来，每一个小的短期目标都设定在“跳一跳，够得着”的高度。当你努力够着它以后，你可以尝到成功的喜悦，继而产生更大的动力去实现下一阶段的目标。随着一个又一个目标的实现，你会逐渐明白要实现目标得花多大的力气，你往往还能悟出如何用较少的时间来创造较多的价值，这会反过来引导你制定更高的目标，实现更伟大的理想。

正如希拉尔·贝洛克所说：“当你做着将来的梦或者为过去而后悔时，你惟一拥有的现在却从你手中溜走了。”成功人士能把握住现在，通过现实中的努力实现自己的目标。虽然目标是朝着将来的，是有待将来实现的，但目标使我们能把握住现在。为什么呢？因为这样能把大的任务看成是由一连串小任务和小的步骤组成的，要实现任何理想，就要制定并且达到一连串的目标。每个重大目标的实现都是几个小目标小步骤实现的结果，所以，如果你集中精力于当前手上的工作，心中明白你现在的种种努力都是为实现将来的目标铺路，那你必定能够成功。

2. 成功是从细节开始的

有些人在做事的时候，总想着一步登天，从而忽略了细节，殊不知，千里之堤溃于蚁穴，有时候一个小小的失误就可能让你宏伟的事业功败垂成。反过来也是一样的道理，如果你抓住了细节，哪怕同样是一件不起眼的小事，也有可能为你带来意想不到的收获。

人当有鸿鹄之志，才能让自己飞得更高更远，但在一飞冲天之前先要默默练习飞翔的本领，让自己有扎实的根底。无数个平凡日子里的积累才能让你飞得稳健，并且在遇到紧急情况时，能够转危为安。这就不仅仅要努力，还要学会等待。等待时机，等待经验丰富，等待能力具备，等待“数载寒窗无人问”变成“一朝成名天下知”。

美国有一家知名的牙膏公司，公司里有一位小职员，他有一个奇怪的绰号叫做“每支两美元先生”。因为他无论签什么账单，都会在账单的右下角注上公司的名字，和“每支两美元”的字样。渐渐地，他的这种做法被公司的同事所注意，真名字没人叫了，大家都戏称他“每支两美元先生”。

这个小职员的举动传到了老总的耳朵里，老总惊讶，竟有如此注意宣传自己公司的员工。后来，在老总离职之后，很放心地把公司交给了这个职员。很多职位比他高、能力比他强的人都没有坐上那个位子。这个平日里默默无闻的小职员，一下子成了众人的楷模。

由此可见，积累和等待是有回报的。至少，他会在人们心目中树起一块碑。不要把一点一滴的努力看成是小事，不要瞧不起手边的事，因为正是这些平凡日子的积累才给了老鹰搏击长空的能力，如果不屑于飞上身旁的矮墙，而总把目光盯在高高的半空中，老鹰也是无法上天的。

等待和积累的力量是巨大的。涓涓细流，一条条地汇集起来形成了浩瀚的海洋；片片树木，一棵棵地生长起来变成了广袤的森林。如果那小溪在奔流过程中，被山石所阻拦，不再向前，只会渐渐干涸；如果树木只是孤零零地生长，只会独自老去。积少成多，才有了海洋的波涛，才有了森林的壮美。

高调的人通常有这样一种毛病，大事干不了，小事又不愿干。其实，小至个人，大到一个公司、企业，它们的成功发展，正是来源于平凡工作的积累。公司需要的是能够在平凡中成长的人，所以能够认真对待每一件事，能够把平凡工作做得很好的人，才是能够发挥实力的人。要知道，没有人可以一步登天的，当你认真对待了每一件事，你会发现自己的人生之路越来越广，成功的机遇也会接踵而来。

在整个社会系统中，除了一些特殊的人从事特定工作之外，一般人的工作都是很平凡的。虽然是平凡的工作，但只要努力去做，和周围的人配合好，依然可以做出不平凡的成绩。

许多人对小事情不注意，觉得要做就做大事。实际上，小事情很重要，小生意也能赚大钱。即使一些不引人注目的行业，以及那些被人瞧不起的新行业，也能创造出杰出的企业家，创造出令人惊叹的奇迹。

千里长堤，会因为一个小小的蚂蚁窝而渐渐毁去；巨型机械，也会因一个小小的螺丝而不能正常运转。一件件的小事，可以毁了一个人的一生，也可以成就一个人的一生。小偷是从偷一根针开始的，知识渊博的智者也是从一个字一个字的阅读开始对人生的众多思考的。集腋成裘，说的就是这个道理。

同样的道理，我们的人生成就也只能从一件件小事的努力上开始。

想要成为作家，就在现在写下你的第一篇文字吧；想要成为乐师，就先要学会每一个音阶。没有谁是一出生就可以戴上桂冠的，即使是王室的继承者，也要从学习做一个好皇帝开始。

做人要懂得这样的道理，细节是成功过程中十分重要的一件事，来不得半点马虎，每一个小细节都可能决定你的输赢。

有一个刚从日本回国的中国人，打算开一家日本料理店。他对城市进行了详细的调查分析，选定了五个合适的地址。之后，又请了调查公司进行详细的调查、预测，并加以对比分析，终于选定了满意的地点。

地址确定之后，他依据自己的想法和设计，对房屋进行装修，甚至关注到了几百米远的街道。装修进行得一丝不苟，门厅、走廊，甚至是卫生间的每一个角落他都考虑到了，稍有不合适的地方，他都要求重新来过。朋友都觉得惊奇，在国内时那么粗心的一个人，何以变得这样认真细致。

装修进行了很长时间，朋友们甚至都开始厌烦了，觉得他怎么会变成了这样婆婆妈妈的一个人，要是换别人，早就开店挣钱了。装修结束，所有的人进去，第一感觉是舒服，第二感觉还是舒服，确实是无可挑剔，你想到的，他全想到了，你想不到的，他也想到了。

但他仍然没有开业，朋友们不解。他说："还要进行一个星期的试验。这一周之内，你们可以随便来，全部免费，但是有一个条件，你们吃完了之后都要给我提一条意见。因为我在日本做过调查，前十天进入一家店的顾客往往会成为你的长期顾客。而一旦他们发现问题，便再也不会来了。同时，你只有一次机会，因为顾客只给你一次机会，你只要骗他们一次，他们就再也不会和你交往了。我不能等顾客来发现问题。"

成功对我们来说，就像那家日本料理店，只有在筹备之时，关注到每一个细节，才能够避免出现问题。在追求成功的道路上，不可有任何投机取巧的心理，一次取巧，看似聪明，事实上却会让你永远失去机会。

有个留学生到一家餐馆打工，刷盘子。枯燥机械的工作，烦而且累，但是餐馆规定，为了保证健康清洁，所有的盘子都必须洗七遍。他看不出洗了七遍的盘子和洗五遍的有什么不同，于是为了加快速度，他只洗五遍。可是，当老板来检查的时候，他终于看出分别。结果他被辞退，再找餐馆打工，所有的老板都已经知道他就是那个“洗五遍盘子”的留学生，没人再肯雇用他。

在成功面前，试纸从来都能明白无误地彰显你的努力。任何投机取巧的想法都无法遁形，不要去挑战它的判断力，只有双手上的茧才能从容应对成功挑剔的双眼。

很多人也许都知道细节的重要性，但是却不愿意去注意细节，因为他们太习惯“高调”，只有低调者，才会安心、踏实地做好细节，因为他们已经切实认识到，细节决定成败！

要想过一种美满愉快的生活，只须做事精益求精，力求完善。当一个人把事情处理得顺顺当当、无牵无挂时，他心里的愉快，真非笔墨所能形容。那些做事草率疏忽、错误多多的人，不但对不起事情，同时也对不起自己！

有许多人往往不肯把事情做得尽善尽美，只用“足够了”、“差不多”来搪塞了事。结果因为他们没有把事业的根基打牢，没过多久便像一所不稳定的房屋那样倒塌了。失败最大的祸根，就是从小养成不注重细节的习惯；而成功最好的方法，就是把任何事都做得精益求精、尽善尽美。

做事注重细节，不但能够使你迅速进步，并且还将大大地影响你的性格、品行和自尊心。任何人如果要想成功，就非得秉持这种精神做事不可。无论到哪里，一位工作注重细节的人，总是受人欢迎的。

3. 不断学习，为成功打好基础

一味想着成功，却不知道用学习提高自身素质的人是愚蠢的，因为一个人成就的大小说到底还是看这个人的能力、素质，有多大本事就能走多远路，只有不断充电，打下扎实的基础，才有可能一飞冲天，实现自己的理想。

随着社会的不断发展，我们已经进入了知识经济的时代，各种知识不断更新，新知识、新技术的增长远远超过了我们年龄的增长，因此我们必须把学习当成一件像吃饭喝水一样时刻不能分离的东西，这样才不至落于他人之后。

比如，一个销售员总不能满足于永远卖鼠标键盘吧，但如果想要卖音箱，就要学习音箱的相关知识，要去学习不同目标顾客群的心理、习惯甚至他们的喜好等等，而如果要去销售ERP或一套信息化的方案，那一套卖鼠标和键盘的知识和技巧更是微不足道。

如今，会不会学习已经成为判断员工在职场中有没有竞争力的重要指标，不重视学习或不会学习的人只能被时代所淘汰。

曾在某大型企业担任业务经理的李君，三年来一直忙于日常事务，在“迎来送往、灯红酒绿”中翻过了一页页日历，而没有了再坚持当上经理之前那种不断学习、充实自我的作风。有一天，他的下属经过自学拿到了大学本科文凭，学历比他高，能力比他强，经验也在数年的商战中获得了积累，羽翼日渐丰满，销售业绩惊人，最终赢得总裁青睐，被委以经理重任。而李君则因知识老化和业绩不佳而惨遭淘汰，留给他的只能是岁月蹉跎和风光不再的哀叹。

某大学的学生会主席夏某，就与李君的做法截然相反。夏某在即将毕业的时候，被团省委负责人看中，希望他到团省委工作。老师和同学们都认为这是一次难得的机遇，鼓励他去。可是夏某却毅然放弃了这次“机会”，报考了研究生。大家都觉得很可惜。之后，他的同学吴某被分到了团省委。

夏某在研究生毕业后，以优秀的成绩和几篇出色的学术论文，再次受到团省委重视，被调到决策部门工作，并且很快就提拔为秘书处主任。而早他好几年进团省委的吴某，却因为在团委工作期间政绩平平一直没有得到提升。显然，那次“机会”并没有为他打开通向成功的通途。

在多年以后的一次同学会上，夏某对同学们说：“我当时报考研究生，主要是考虑到自己在上大学之前，就有较多的实际工作经验。上大学其实就是一个系统学习的机会，在这方面应该获得更多的长进。可是，我自己感到毕业时尚未达到良好状态，于是又决定读研究生。在我研究生毕业时，我才觉得自己相对来说是比较完善了，于是信心也就更足了。”

可见，一个注重学习的人，甚至为了学习而暂时放弃时机的人，最终会因为拥有更为丰富的知识而得到领导的重视和提拔。然而，问题的关键还不仅仅在于是否重视学习，而是看你能否掌握学习的方法。学习应该是多方面、多渠道的，既要学习最好、最先进的理论，也要注意学习从生活中积累的经验，在工作的实践中学习；既要学习专业知识，也要学习其他有助于适合企业发展的知识，并能够学以致用。

对于一个公司来说，要选择一批能做好本职工作、拥有敬业精神的员工，就必须了解其学习能力和学以致用的能力。只有善于学习并能够学以致用的员工，才能在风云变幻的环境中应付自如，才能有效地完成任何一个紧急任务，甚至在短时间内成为某个新项目的行家。

马小姐属于那种始终知道自己要做什么的人，很早就打算进入电子领域，并且考取了经济学博士，但是，俗话说："读到博士书无味。"马小姐不再一味死读书，而是到一家小公司充电，然后又如愿以偿地进了摩托罗拉公司，这时她发现大公司里的领导善于一只眼忙工作，一只眼看世界。于是，她也开始关注世界形势和宏观经济局面，最终她的好学和见识得到了老板的赏识，很快得到升职的嘉奖。

实际上，经验丰富和业绩突出成为员工学习的两大障碍。经验主义者拒绝学习，是老板最头痛的事，因为有一种毋庸置疑的规律，就是当一个人满足于成功的时候，失败可能正在开始。在一个竞争不太激烈的环境里，可以为暂时的成功陶醉而无须担心被超越。但是，在今天这样一个竞争如同战争的时代，只要陶醉一分钟就可能导致失败。

现在大家都意识到需要努力学习和奋斗，但是学习的内在动力从哪儿来？很多人把学习当做是一件苦不堪言的事情，家长催促，学校监督，都解决不了学不进去的问题。那么，问题究竟出在什么地方呢？

关键还是生活情趣的问题。培养生活情趣应该成为教育的中心任务，只有解决了这个问题，才会产生学习的内在动力，每个人都会自觉地去追求知识。

我国力学家李敏华的家，就是这样一个既有生活情趣而又刻苦勤奋的家庭。李敏华和她的丈夫工程热物理学家吴仲华一起毕业于清华大学。在学校学习的时候，他们每天晚饭后都要到礼堂去练琴，然后一起去图书馆上自习，他们还喜欢摄影，课余时常到郊外摄影。大学毕业后，他们两人都被留校当助教。

为了事业，他们相识七年才结婚。结了婚，吴仲华又考上了公费留学生，怀孕几个月的李敏华以自费留学生的资格与丈夫一起前往美国麻省理工学院。在赴美后不久，李敏华早产了。那里没有托儿所，带着一个孩子读研究生，该有多难。雇保姆，经济条件又不允许，只好自己照料。为了不影响学业，他们采取倒班的办法，分别选修主要课程，轮流上课。

在家看孩子的，事先把书籍、笔记本整理好，站在窗口等着。一个刚进大门，另一个便出发，活像一场接力赛。李敏华怀着第二个孩子的时候，正在写硕士论文。她和丈夫运用统筹学来安排时间，晚饭后由吴仲华照顾孩子，李敏华抓紧睡一小觉，然后起来一直学到深夜。这样就能做到学习与家务两不误。老二出生后，家务事更多了，学习任务也更重了，但是他们的家庭生活仍然是那么和睦幸福。李敏华从不把哺育孩子、操持家务看做是负担，而吴仲华也会主动分担家务活与照顾孩子。

他们的学习虽然紧张，但是几乎每个星期天上午，都要领着孩子到附近的小河边散步，或者在校园草坪上和孩子游戏、照相。他们把生活的节奏安排得像音乐的旋律那样和谐而富于情趣。一张一弛，一扬一抑，主次分明，全面照顾。这样，李敏华在四个年头里生了两个孩子，得了硕士和博士两个学位，同时还经常带着孩子游泳、照相、游玩。这个既会工作又会休息的互爱家庭，最能体会命运给人带来的情趣。

有生活情趣的人，只要有一口气在，向上的志向就不会松懈。而力行向上的原则，应放在人生的首要位置，即勤奋工作。但是这个勤奋工作的出发点和目的地都是为了感受生活的情趣，是这种情感使人们不知疲倦，甘心受苦。

海明威说："上天绝不想帮助不想劳作的人。"莎士比亚说："上帝把亚当贬罚到人间，所制定的第一条戒律是：用自己的血汗换取面包，千万不能用他人的血汗换取面包！"所以，要想得到知识，就该下苦功去学习；要想得到食物，就该下苦功去工作；要想得到快乐，也应该下苦功去劳作。只有辛勤地工作，才是获得一切的定律，才是改变命运的契机。

荷马认为：“劳动就是人间的命运。”劳动中具有生活情趣，在劳动中能够感受到社会生活的快乐。人就是生存在这种生活情趣之中，一边劳动，一边欣赏自己的劳动，特别是当你的劳动成果得到社会的承认，也得到你心爱的人的肯定，那么，那种自我实现的满足感就会给你增加无穷的动力，从而不仅使你获得巨大的成功，同时能够感受到真正的幸福。

4. 不要梦想一夜暴富，成功源于一步一个脚印

老子曾说过：“合抱之木，生于毫末。九层之台，起于累土。千里之行，始于足下。”这句话的意思是：任何事情的成功都是由小而大逐渐积累起来的。这也就是说，一个人要想成功，必须从小事做起，好高骛远是不行的。

有这样一个故事：两个年轻人一同寻找工作，一个是英国人，一个是犹太人。他们同时发现一枚硬币躺在地上，英国青年看也不看地走了过去，而犹太青年却激动地将它捡了起来。英国青年对犹太青年的举动露出鄙夷之色：一枚硬币也捡，真没出息！犹太青年望着远去的英国青年心生感慨：让钱白白地从身边溜走，真没出息！

两个人同时走进一家公司。公司很小，工作很累，工资也低，英国青年不屑一顾地走了，而犹太青年却高兴地留了下来。

两年后，两人在街上相遇，犹太青年已成了老板，而英国青年还在四处找工作。英国青年对此大惑不解，说：“你这么没出息的人，怎么会这么快就‘发’了？”

犹太青年说：“因为我没有像你那样，绅士般地从一枚硬币上迈过去。你连一枚硬币都不要，怎么会发大财呢？”

其实，英国青年并非不要钱，可他眼睛盯着的是大钱而不是小钱，所以他的钱总在明天。但是，没有小钱就不会有大钱，你不懂得从小事做起，却整天做着发财的梦，那么财富永远不会降临到你头上。

有些人想挣大钱，又没有耐心，恨不得一刀就宰他个几万元，却不想想，自己有这样的刀技么？如今市场已经进入了微利时代，就凭你一把钝刀，怎么可能！结果往往是还没到自己发展起来，已经将财神扼杀在摇篮里了。

荀子的《劝学》中有两句话说：“不积跬步无以至千里，不积小流无以成江海。”道理其实非常的简单，谁都看得懂，但就像所有的常识一样，谁都明白它的道理，但认真去按照这些平常道理做事情的人却总是寥若晨星。

以年轻的大学生为例，寒窗苦读十几载，过五关斩六将从高等学府脱颖而出，自认为可以凭借骄人的学历、恃人的才华，看不起小单位，瞧不起小公司，不肯降尊屈就，即便勉强开始了工作，也自以为高人一等，根本不把别人放在眼里，对人对事总是满眼的轻蔑，时时处处都要刻意表现自己的清高和特立独行，殊不知，这恰恰是旁人所不齿的，最最令人不能忍受的。

涉世之初的学子们往往是激情满怀，决心干一番大事业的样子，但却往往忽略了这样一个事实：想干大事业，就要一步步做起。作为一个单位新人，养成多做一点、多学一点的习惯，多从诸如打水、扫地、分报纸这样的琐碎事做起，少谈一些好高骛远的事情，才能实现自己的人生目标。

伟大的事业是由无数个微不足道的小事情积累而成的，小事情干不好，大事情也不会做成功。做任何事，不论大事小事，不论轻重缓急，都要一步一个脚印，力求把每一件事情做好，善始善终，不要心高气傲，急功近利。

纵观前人的成功之路，无不是从小事做起，从小买卖做起的。事实上，大部分成大事、赚大钱的人都不是一走上社会就能马上取得辉煌业绩的，很多大企业家是从伙计当起，很多政治家是从职员当起，很多将军是从士兵当起。所以，当一个人的条件还是很“普通”，又没有良好的家庭背景时，那么“先做小事，先赚小钱”绝对没错！

美国加利福尼亚州有一个经营家庭用品邮购的青年。最初，他只是在发行量最大的妇女杂志刊登了一则“一美元商品”的广告，所登的商品都是有名的大厂商生产的，物美价廉又非常实用，所以广告一刊登出来，订购单就像雪片似的多得使他喘不过气来。他并有没什么资金，这种生意也不需要资金，客户汇款一来，用收来的钱去买货就行了。但是广告中登的大约有20%的商品进货价格超出1美元，60%的商品刚好是1美元。显而易见，顾客越多，他的亏损就越多。但他并不是一个傻瓜，在寄商品给顾客时，他会附带寄去20种3美元以上100美元以下的商品目录和图解说明和一张空白汇款单。

这样一来，虽然卖1美元商品有些亏损，但他却以小金额的物美价廉的商品“骗取”了大量顾客的“安全感”和“信用”，顾客就会在没有戒备的心态下向他买比较昂贵的东西了。如此昂贵的商品，不仅可以弥补回1美元商品的亏损，而且可以获取很大的利润。就这样，他的生意就像滚雪球一样越做越大，一年之后，他设立了一家AB邮购公司。又过三年，他雇用了50多名员工，销售额达到5000万美元。

从起初的一无所有，到开始做吃小亏赚大钱的生意，不出几年，就可能建立起自己的公司。这种先从小事做起钓大鱼的办法，的确有着惊人的效果。

俗话说得好，“一口吃不成个胖子”，成功源于每一个细节，积跬步至千里，汇细流成江河，说的正是这个道理。然而，在我们现实生活中，却有许多雄心勃勃、想成就一番事业的朋友，因为不屑于从小处做起，眼高手低，最终一事无成。

所以说，财富不是一朝一夕就能获得的，需要我们为之长期努力奋斗。如果贪婪地只想一夜暴富，结果肯定适得其反。无论投资还是做生意，都不能急功近利，都要慢慢来，只有稳扎稳打，步步为营，才能有朝一日实现质的突破。

有一个非常经典的寓言故事，读了也许会对我们有所启迪：

有一个穷人，一天他老婆买回来一个鸡蛋，穷人看着这个鸡蛋开始描述他的发财大计：如果这个鸡蛋孵出一只小鸡，小鸡长大再生蛋，蛋再孵鸡，鸡生蛋，蛋孵鸡，我们很快就有了一群鸡。再用这一群鸡去换一只羊，大羊生小羊，等有了一群羊，再换牛，大牛生小牛，卖了牛就可买田地盖房子，然后还可以再娶一个小老婆……没想到，刚刚听得入神的老婆突然勃然大怒，抄起鸡蛋狠狠往地下一摔，穷人的春秋美梦顿时化为乌有。

我们最津津乐道的就是鸡生蛋，蛋孵鸡，一本万利的白日梦，但是建筑在一只母鸡身上的希望毕竟是那样的脆弱，那样的不堪一击，蛋碎了，本都没有了，哪里还有利？所以，我们的“万利”梦也会随着“一本”的毁灭而灰飞烟灭了。

眼前，我们身处这个眼花缭乱、物欲横流的时代，即便是物我两忘、气定神闲者，也难免会滋生种种困惑和欲望。世界似万花筒，实在是太“精彩”了，所以很多人都想趁机大捞上一把，赚他个盆满钵满。但是，在渐渐成熟的商品社会，利益平均化，经营理性化，一切都趋于平淡，哪有什么一夜暴富的好事，一切都得渐渐积累。我们既没有原始的资本，又没有经营的经验，致富心还特别急切，而心急的结果就是一本万利最终演变成了一本一利，甚至是一本无利，美梦一场。

近年来网络、邮箱、街头小广告等铺天盖地，都是一些所谓一本万利一夜暴富的垃圾信息，而且悄然蔓延，愈演愈烈。别看字数不多，措辞却极富诱惑性，什么“轻轻松松月赚数万”、“投资几百元，获得数万元”、“财富飙升之道”、“让你爆发100倍的生命潜能——白手起家成百万富翁”，还有各类手机短信：“恭喜您的手机号码在某某公司摇奖中彩，喜获奖金9．8万元……”好像不费吹灰之力，人人都能成百万富翁、千万富翁似的，如果真是这样，这个地球岂不早就没有穷人啦！如果真是这样，那些提供金点子的怂恿者岂不个个都是超级富翁啦？

要知道，那些夸张的“一夜暴富”、“一本万利”的买卖，轻则让你倾家荡产，重则可有牢狱之灾啊！投机取巧的事做不得，我们考虑，不要染指，甚至连考虑都不要考虑，因为那种不义之财的“暴富”实在是如狼似虎的，一不小心就被它生吞活剥了。

另外，还有一种抱有极大侥幸心理的“一夜暴富”行为——中彩票。通过对北京、上海与广州三个城市居民调查的结果显示，有50%的居民买过彩票，其中5%的居民成为“职业彩民”。“以小博大”的发财梦，是不少彩票购买者的共同心态。实际上，只有极少数人能中奖，我们应该怀有一颗平常心，既不能把它作为纯粹的投资，也不应把它当成纯粹的赌博行为，否则就有可能造成心理的扭曲。

总之，一下子暴富就像想一口吃成胖子一样不现实，我们只有通过艰苦奋斗、勤俭节约，获取微利，才能无中生有，闯出一条成功的路。

5. 拖沓是制造庸人的厂房

生命中充满了许多的机会，足以使任何人功成名就。但是机会不会自己掉到你手里，需要你积极行动起来，做事拖沓将注定你一生失败。所以，别再拖延，现在就动手吧！

一个人一生的时间是有限的，而且每天要完成的工作又很多，这就要求我们学会善待时间，学会抓住时间，充分利用时间合理地安排工作日程。善待时间就是善待生命，凡是试图成功、想过上幸福生活的人，都应该从善待时间开始，踏踏实实地做好每一件事。

有一个古老的故事：在森林里，阳光明媚，鸟儿欢快地歌唱着，辛勤地劳动着。其中有一只寒号鸟，有着一身漂亮的羽毛和嘹亮的歌喉，便到处去卖弄自己，看到别人辛勤地劳动，反而嘲笑不已。

好心的百灵鸟提醒它说："寒号鸟，快垒个窝吧！不然冬天来了，你怎么过呢？"

寒号鸟轻蔑地说："冬天还早呢，着什么急呢！趁着现在的大好时光，快快乐乐地玩吧！"

就这样，日复一日，冬天眨眼就到了。鸟儿们晚上都在自己暖和的窝里安然的休息，而寒号鸟却在夜间的寒风里，冻得瑟瑟发抖，用美妙的歌喉悔恨过去，哀叫未来。

第二天大阳出来了，万物苏醒了。沐浴在阳光中，寒号鸟好不惬意，完全忘记了昨天夜里被冻的痛苦，又快乐地歌唱起来。

有鸟儿劝它："快垒窝吧！不然晚上又要发抖了。"

寒号鸟嘲笑说："不会享受的家伙。"

寒冷的夜晚又来临了，寒号鸟又重复着昨天晚上一样的故事，就这样重复了几个晚上，大雪突然降临，鸟儿们奇怪寒号鸟怎么不发出叫声了呢？太阳一出来，大家才发现，寒号鸟早已被冻死了。

"明日复明日，明日何其多？我生待明日，万事成蹉跎。"今天你把事情推到明天，明天你又把事情推到后天，一而再，再而三，事情永远没个完。只有那些善待今日的人，才会在"今天"奠定成大事的基石，同时孕育"明天"的希望。

人有两种能力，思维能力和行动能力，没有达到自己的目标，往往不是因为思维能力，而是因为行动能力。在现实生活中，不同的人对行动有不同的理解，不同的人会有不同的行动。遗憾的是，失败者会等到事情不能再拖延时才去行动，而成功者则以积极的姿态积极行动，后者才是具有实在意义的行动。

把今天应该做的事情拖到明天去做，结果往往是明天也做不到，因为"明天再做"的想法已经深深根植于你的大脑。真正到了明天，你也许会想，反正还有"明天"呢。实际上，"明天的明天"还有许多新的事情要做。如此一来，穷人就会旧账未清，又添新债。

有时候，同样是行动，但由于行动态度、行动方式的不同，也会产生两种截然不同的结果。

汉斯与邦德是非常要好的朋友。几年前，两人看到本地人开始摆脱过去那种自给自足的生活方式，穿鞋戴帽都趋向商品化。于是两人决定各自办一家服装厂。

汉斯说干就干，立即行动起来。没用多长时间，就将产品推向了市场。而邦德则多了个心眼，他想先看看汉斯的服装厂效益怎么样，因此没有行动。

汉斯的服装厂开办不久，确实遇到了许多困难：市场打不开，产品滞销，资金周转不灵，工资不能按时发放，工人的积极性下降……见此情况，邦德心中暗自庆幸自己没有盲目行动，否则也会陷入困境。

但是，顽强的汉斯没有在困难面前倒下，他针对困难一一想出解决办法。一年后，他的服装厂终于渡过难关，利润滚滚而来。

看到汉斯的腰包一天天鼓起来，邦德后悔莫及。于是，他也开办了一家服装厂，但已为时过晚。由于早办了一年，汉斯赢得了众多的客户和广阔的市场，而邦德的客户却寥寥无几。几年之后，汉斯的营销网络遍及美国各地，拥有数亿资产，而邦德的服装厂却只能为朋友的鞋厂进行加工，资产更是少得可怜。

这两位朋友同时看到了机会，但汉斯马上行动，占尽先机；邦德却犹豫观望，坐失良机，最后走上两条不同的人生轨道。邦德的教训告诉我们：如果你一直在想而不去做的话，根本成就不了任何事。

古希腊哲学家苏格拉底说："要使世界动，一定要自己先动。"一个成熟的人，就是一个不需别人提醒，也能够自觉行动的人，而那些拖拖拉拉、不求有功但求无过的人，注定只能原地踏步，甚至被时代淘汰，被职场解雇。

有两个学生，同时报考某教授的博士生，可是这位教授只招一个学生，于是教授就给他们出了一道题目，两个学生同时做完了题目。过程一样精彩，结果也一样正确，难分伯仲。教授思考了一下，选择了其中一个。

另一个很不服气地找教授问："为什么没有选择我？"教授指着题目开始做的时间说："题目是我上周五下午布置的，他是上周五下午四点开始做的，而你是周一开始做的。我之所以选择从周五下午四点开始的他，是因为我认为一个立刻开始行动的人更具有竞争力。"

不同的态度产生不同的结果。有许多人平庸一辈子，是因为他们一定要等到每一件事情都百分之百的有利、万无一失之后才肯去做。当然，我们可以追求完美，但是人间的事情没有一件绝对完美或接近完美，等到所有的条件都完美以后才去做，你就只能永远等下去了。

“立即行动”是获取成功的秘诀之一。在此，我们可以使用“自我发动法”调动自己。自我发动法实际上就是一句自我激励警句：“立即行动！”无论何时，当“立即行动”这个警句从你的下意识心理闪现到有意识心理时，你就应该立即行动。

许多人都有拖延的习惯。由于这种习惯，他们可能出门误车，上班迟到，或者更重要的——失去可能更好地改变他们整个生活进程的良机。

可以说，没有别的什么习惯比拖延更为有害，也没有别的什么习惯比拖延更能使人懈怠，更能减弱人们做事的能力。

所以，人应该极力避免养成拖延的恶习，当受到拖延引诱的时候，要振作精神去做，绝不要去挑最容易的，而要去做最艰难的，并且坚持下去。这样，你自然就会克服拖延的恶习。

拖延往往是最可怕的敌人，它是时间的窃贼，它还会损坏人的品格，败坏好的机会，掠夺人的自由，使人成为它的奴隶。要医治拖延的恶习，惟一的方法就是立即去做自己的工作。要知道，多拖延一分，工作就难做一分。

“立即行动”，这是成功者的格言，只有“立即行动”才能将人们从拖延的恶习中拯救出来。走向成功的秘诀就是“行动”，自我行动法则实际上就是一种自我激励。

奥格·曼狄诺是美国一位成功的作家，他常常告诫自己：“我要采取行动，我要采取行动……从今以后，我要一遍又一遍、每一小时、每一天都要重复这句话，一直等到这句话成为像我的呼吸一样自然，而跟在它后面的行动，要像我眨眼睛那种本能一样。有了这句话，我就能够实现我成功的每一个行动，有了这句话，我就能够制约我的精神，迎接失败者躲避的每一次挑战。”

的确，有时候我们非常需要这种自我暗示与自我控制，它将恢复我们的良好状态与调整我们的现实处境；通过它，我们能把可能被毁弃了的一天变成令人愉快的一天。

庸人总是在看到别人取得成功后，才扼腕叹息：曾经有一个能让我成功的机会摆在我的面前，我并没有珍惜，现在想起来悔恨不已，假如再给我一个这样的机会……

庸人总是在“假如……”、“如果……就”的唉声叹气中耗掉了自己宝贵的青春，浪费了自己所有的激情和热情。他们年复一年地按照他们那种失败者的生活模式过日子，却不知道自己的遭遇恰恰是他们不去行动造成的。而且还会责怪自己的配偶，责怪一起做生意的伙伴，责怪运气不好，责怪经济不景气……他们成天谈论所有的人如何“亏待了他们”。

不要再抱怨下去，因为怨天尤人不会改变你的命运，只会耽误你的光阴，使你没有时间去取得成功。如果你想要“赶上好时间、好地方”，就去找一样你能够拼上一拼的工作，下大力气去干。

你也许已经具备了知识、技巧、能力、良好的态度与成功的方法，懂得比任何人都多，但你还可能不会成功。因为你必须要立即行动，一百个知识不如一个行动，不行动就永远不会有结果。那么，从今天开始，真正行动起来吧！

6. 机会不是“等”来的

成功的机会对每个人都是均等的，但是它不会主动地降临到任何人的头上，一味的空等是“等”不来的，它需要你靠勤奋来争取，靠努力去把握，这也是将理想变成现实的惟一途径。

比尔·盖茨说过：“你能够使成功成为你生活中的组成部分，你能够使昨日的理想成为今天的现实。但是，靠愿望和祈祷是不行的，必须动手去做才能让你的理想实现。天下没有免费的午餐。”

也许，每个人心目中都有一个理想，无论是大还是小。但是，如果你只是一味的“想”，等待成功的机会落到你头上，那么你就只能永远“等”下去了。

要知道，真正的成功来源于自己的努力，如果你不愿意付出相应的努力，那么即使具备优越的条件，也无法实现你的梦想。

曾经在美国流传着这样一个故事：有一位名叫西尔维亚的美国女孩，她的父亲是波士顿有名的整形外科医生，母亲在一家声誉很高的大学担任教授。她的家庭对她有很大的帮助和支持，她完全有机会实现自己的理想。

西尔维亚从念中学的时候起，就一直梦寐以求当上电视节目的主持人。她觉得自己具有这方面的才干，因为每当她和别人相处时，即便是陌生人也都愿意亲近她并和她长谈。她知道怎样从人家嘴里掏出心里话。她的朋友们称她是他们的“亲密的随身精神医生”。她自己也常说：“只要有人愿给我一次上电视的机会，我相信我一定能成功。”

但是，西尔维亚为达到这个理想而做了些什么呢？她什么也没做，而在等待奇迹出现，希望一下子就当上电视节目的主持人。

西尔维亚不切实际地期待着，而结果什么奇迹也没有出现。因为谁也不会请一个毫无经验的人去担任电视节目主持人。而且，节目的主管也没有兴趣跑到外面去搜寻人，相反都是别人去找他们。

另一个名叫辛迪的女孩却实现了西尔维亚的理想，成了著名的电视节目主持人。辛迪并没有白白地等待机会出现。她不像西尔维亚那样有可靠的经济来源，所以只好白天去打工，晚上在大学的舞台艺术系上夜校。毕业以后，她开始谋职，跑遍了洛杉矶每一个广播电台和电视台。但是，每一个地方的经理对她的答复都差不多：“不是已经有几年经验的人，我们不会雇用的。”

但是，辛迪不愿意退缩，也没有等待机会，而是继续走出去寻找机会。她一连几个月仔细阅读广播电视方面的杂志，最后终于看到一则招聘广告，北达科他州有一家很小的电视台招聘一名预报天气的女主持。

辛迪是加州人，不喜欢北方。但是，有没有阳光，是不是下雪都没有关系，她只是希望找到一份和电视相关的职业，干什么都行！她抓住这个工作机会，动身到北达科他州。

辛迪在那里工作了两年，然后在洛杉矶的电视台找到了一个工作。又过了五年，她终于得到提升，成为她梦想已久的节目主持人。

西尔维亚那种失败者的思路和辛迪的成功者的观点正好背道而驰。她们的分歧点就在于，西尔维亚在十年当中，一直停留在幻想上，坐等机会，期望时来运转，然而，时光却流逝了。相反，辛迪则是采取积极的行动。首先，她充实了自己；然后，在北达科他州受到了训练；接着，在洛杉矶积累了比较多的经验；最后，终于实现了理想。

成功者，永远都是那些勤奋的人，他们从来不指望运气的降临，而是脚踏实地把事情做好，实实在在去解决问题。而失败者则恰好相反，他们常常抱怨别人的成功是靠运气，因而总是不采取行动，守株待兔，想着哪天成功的“大馅饼”会自动掉到自己的手中，这种人不能成功自在情理之中。

7. 一万个幻想，不如一个行动

人生所有的设想和计划只有付诸行动才会有可能变为现实，不管是多么伟大的构想，如果不做就不会给自己和他人带来什么收获，所以，人生的关键就是行动。

有些人习惯于夸夸其谈，实际动手的能力不足，常常是想的和说的多，而实际实现的很少，最终导致人生失败。要知道，没有行动任何事情都不可能完成，只有行动才会把理想变成现实。

高楼大厦是一砖一瓦垒起来的，万里长征是一步一步走过来的，所有的大事业都是由小事情一点一点发展起来的。生活或工作中，有些人就是看不见小事情，不愿意做小事，总想干一番轰轰烈烈的大事，可是一直没有大事让他展现自己的才能，所以，常常感叹英雄无用武之地。其实，这些人都有眼高手低，大事做不来小事又不愿干的坏习惯。你要想人生有所作为，走向成功，就必须培养从小事做起的习惯。

有一个人很有才华，整天想着要写一本世界名著，看不上豆腐块的小文章，结果，许多年过去了，名著没写出来，小文章也没有，白白地让满腹才华失去了表现机会。相反，另一个人才能一般，但是多年来一直写小文章，积少成多，由小变大，最后著作等身，收获颇丰，实现了自己的理想。

两种人生，两种不同的结果，它告诉我们：人生就是从小事上起步的，成功者的丰碑就是由这些小事雕刻出来的。

成功就在于你认准了目标就行动，不要想那么多，在做的过程中，遇到问题解决问题，结果就必定能达到自己的目的。如果不做，就可能一直等下去，永远也不会有什么成果。

大家可能都读过这样一则寓言：

在四川的偏远地区有两个和尚，其中一个贫穷，一个富有。

一天，穷和尚对富和尚说："我想到南海去，你看怎么样？"

富和尚说："你凭借什么呢？"

穷和尚说："我有一个水瓶、一个饭钵就足够了。"

富和尚说："我多年来就想买船沿着长江而下，现在还没做到呢，你就凭这些去？"

第二年，穷和尚从南海归来，把去南海的事告诉富和尚，富和尚深感惭愧。

穷和尚与富和尚的故事说明一个简单的道理：光说不动是达不到目的的。

克雷洛夫说："现实是此岸，理想是彼岸，中间隔着湍急的河流，行动则是架在河上的桥梁。"行动才会产生结果，行动是成功的前提。任何伟大的目标、伟大的计划，最终必须落实到行动上才能得到实现。

成功开始于一个好的方案，成功要有明确的目标，这都没有错，但这只相当于给你的赛车加满了油，弄清了前进的方向和线路，要抵达目的地，还得把车开动起来，并保持足够的动力。

你要明白，你采取多大行动才会有多大的成功，而不是你知道多少、就会有多大的成功。所以，不管你现在决定做什么事，不管你设定了多少目标，你一定要立刻行动起来，因为惟有行动才能使你获得成功。

对于行动的重要性，富人深有体会：没有行动，理想永远是句空话。只有行动，理想才会变成现实，人生才能走向成功。

在社会生活中，每个人都会有理想，都希望能够改变自己的生活，但是真正为这个理想去实践的人实在是太少了。我们把问题看得太严重了，把困难想像得太大了，因而在还没有做以前，就自己把自己否定了，所以我们总是和最终的成功相距甚远。

成功者都有这样的体会：成功的喜悦不在结果，而在于达到结果的过程。这个过程就是行动的过程，人在行动的过程中才能享受创造成功的快乐。我们很多人对生活都有一种良好的愿望，但是并没有把这种愿望变成现实，原因就是只想着结果，没有看到产生这个结果的过程。我们只看到布什当了总统，而忽略了他当总统的全部过程，这个过程是漫长的，是艰苦的，是琐碎的，但不经过这个过程，他是永远当不上总统的。

任何一个愿望都有实现的可能，把这个可能变成现实就需要你付出艰苦的劳动，没有付出就不会有结果。很多人付不出这个代价，只能让愿望成为泡影。

行动是很实际的一件事情，你要制定行动的计划，你要学会行动的方法，你得一件一件地去做，就像愚公移山一样，每天挖山不止，最后才能够搬走阻碍你向前的大山。

任何人都可以空想，但是把空想变成现实，就需要有实际行动。为什么很多失败者只空想而不行动呢？因为任何事情一旦做起来就会有很多困难，就是这些想像中或者实际中的困难挡住了这些人成功的道路。

要想有所成就，你就必须立即行动，不要被臆想的困难所吓倒。因为每一次行动都会带来许多风险、困难与变化。假设你从芝加哥开车到旧金山，一定要等到“没有交通堵塞、汽车性能没有任何问题、没有恶劣天气、没有喝醉酒的司机、没有任何类似意外”之后才出发，那么你什么时候才能到达呢？你永远到不了的。所以，当你计划到旧金山时，先在地图上选好行车路线，检查一下车，并且尽量考虑一下排除其他意外的做法，这些都是出发前需要准备的事项，然后就不要再有任何犹豫，立即发动汽车，向你的目标驶去。

当然，如果真要遇到困难时，你要勇敢地面对现实，积极去解决困难。那些成功的人们并不是在行动前就能解决所有的问题，而是在行动遭遇困难时能够想办法克服。不管从事工商业还是解决婚姻问题或是其他任何活动，一遇到麻烦就要想办法处理，正像遇到沟壑时就跨过去一样自然。沉浸幻想，不付诸行动，那是弱者的行为。

20世纪初，美国密西西比州奥克斯福镇有一个小伙子，天资聪颖，富有才华。他当过兵，读过一年大学，还干过当地的邮政所长，他很早就开始进行文学创作，模仿前辈浪漫派诗人写一些缠绵的诗歌。他自诩为“诗人、哲学家、生活的学生”。

但是他什么都干不长：大学读一年就退学了，邮政所长干了不到半年就辞职了，他还干过船老大、油漆工、书店营业员……他整天游手好闲，无所事事，脑中挤满了感伤的诗句和古典的形象，因为他要写诗。

到了将近30岁，他还是这副老样子，镇上的人都看不起他，因为他一无所有，因为他从没有真正写过一首好诗。他很忧郁地离开故乡，来到新奥尔良。他继续过着从前的生活。

直到有一天，他遇到一位功成名就的老作家。他们成了朋友。老作家对他说：“你是个乡下小子，你应该好好写写你的家乡，写写你那个邮票般大小的家乡。”

这位“生活的学生”如梦初醒！他回到家乡，闭门谢客，开始全力以赴地潜心写作。此后，他再也没有写过诗，而那些描写他南方故乡的小说却为他赢得了世界性的荣誉。

这位直到将近30岁才大梦方醒的人，就是美国20世纪最伟大的作家之一、1949年诺贝尔文学奖得主——威廉·福克纳。

人生只有在行动过程中，才会创造财富，才会改变命运，当然也会带来无限的满足。你现在已经想到一个好创意了吗？如果有，就不要空想，把它变成行动，现在就开始做吧！

8. 与其抱怨命运，不如改变

怨恨很大程度上是由自卑导致的，而自卑正是形成健康人格的最大敌人。所以，与其整天抱怨命运的不公，倒不如脚踏实地、勤勤恳恳的干，以改变自己的命运。要知道，怨天尤人只能徒增烦恼，自强自立才是强者之路。

如今，贫困大学生已经成为社会中一个不可忽视的群体，他们的心理问题受到很多人的关注。

由于自身经济条件的原因，一些大学生常常存在不同程度的自卑心理。当别人接到父母的汇款时，自己却为背负的沉重助学贷款而叹息；当别人穿着时尚服装时，自己却总是担心被别人笑话“土气”；当别人过生日大方地请客时，自己却时常为节省一顿菜钱而精打细算；当别人天南地北侃侃而谈时，自己却因插不上嘴而自怨自艾……同样在一个社会里，同样是一个学校里的学生，为什么命运这么不公平？

很多学生因贫穷而自卑、委屈，进而产生怨恨心理，从怨恨父母、怨恨家庭，发展到怨恨他人、怨恨社会。他们表面上显得很自强，甚至很自负，但实际上内心却很脆弱、很自卑。他们往往自暴自弃、不思进取，或者是不切实际地盲目攀比，甚至走上犯罪的道路。

“我觉得老天不公，为什么要把我生下来，生下来又不生在一个好人家。”很多生活困难的学生有着这样的想法。他们认为生活没有给予他们和其他同学一样的机会。其他同学除了学习，就是玩乐，而他们除了紧张地学习，还得为学费、为养活自己操心、奔波。他们认为出身的不平等造成了机会的不平等，他们对社会这种不平等表示出愤慨，甚至对社会充满了敌意。

谭文生是北京某大学二年级学生，出生于福建一个普通农民家，父母靠卖水果维持生计并供养他读书。“赚钱很难，有时候荔枝只卖到三四毛钱一斤。”谭文生说，高中时代他一直深感自卑，“我不愿意告诉别人自己的父母是农民。有段时间，我甚至仇视我的家庭。”他为了和同学们一样，拥有一台自己的电脑，铤而走险，去学校的机房偷盗，结果案发后被学校开除。

有些生活困难的同学往往缺乏对生活的信心和积极性，面对挫折往往感到不知所措，逃避退缩，很难树立正确的人生观和目标，对牵涉到自己的所作所为很敏感，甚至产生仇视财富仇恨社会的心理。这种心理使这些同学无心读书，进而厌倦大学生活，已经严重地影响了他们身心的健康及社会稳定。专家指出，生活困难的大学生的适应需要一个过程，在这个过程中，一部分人由于其改变和适应没有很快得到理想回报，从而变得十分消极，不再试图改变自己。

问题摆出来了，我们回过头来想想，一旦受到挫折，就愤世嫉俗，迁怒于社会的不公，这样对吗？

贫困不是我们的错，然而对其所取的态度却取决于我们自身。抱怨命苦，怨天尤人，把贫穷的原因一股脑儿地推给命运，这的确是一种愚蠢的行为。“自知者，不怨人；知命者，不怨天；怨人者穷，怨天者无志”。古人这么简单的几句话已经把道理说得很明白了，只有那些甘愿贫穷胸无大志的人才一味地怨天尤人。孟子说的更直接，“天将降大任于斯人也，必先苦其心志，劳其筋骨。”我们为什么不能把贫困当作是对自己成大业的一种磨砺呢？

也许贫困的生活像枷锁一样困扰着你，没有亲朋好友，无依无靠，因此你急切地希望减轻自己身上沉重的负担。然而，你似乎陷入了黑暗的深渊之中，负担是那么的沉重，几乎压得你透不过气来。你也许会不停地抱怨，感叹自己的命运不好，会抱怨自己的出身、父母、上司，甚至会抱怨使你遭受贫困，却赐予他人富足和安逸生活的不公正的上苍。这种时候，我们应该停止抱怨，让烦躁的心情平静下来。

喜欢抱怨的人在这个遵循法则的世界中，是没有立足之地的，而烦恼忧愁更是心灵的杀手。假如你没有一个正确的心态，就好像收紧了身上锁链的束缚，让自己身陷黑暗之中。

有位哲人曾经说过："你怎样对待生活，生活便怎样对待你。"一旦你对生活的态度发生了改变，生活处境也会随之改变。增强信念，丰富自己的知识，让自己置身于更优越的环境之中，就能获得更多的机会。但一定要记住，什么事都要努力去做，千万不要为了摆脱命运而走上违法犯罪的道路。因为即便你这样做获得利益，也必定是短暂的，很快就会失去，甚至可能一失足成千古恨，再也没有回头的机会了。

就像学生必须先掌握一门功课，才能接着学习下一门课程一样，在拥有你梦寐以求的丰硕成果之前，你必须先充分发挥自己的能力。《圣经》中说，如果滥用、忽略或低估我们的能力，即使我们所具有的能力很多，也会慢慢减弱，这是因为我们的所作所为不配拥有这样的能力。

总是听到有人抱怨说，这个世界根本就不公平——机会常降临在权贵、富有者身上。其实，环顾四周，你会发现，那些真正有所成就的人无一不是自己艰苦奋斗的结果，靠沾别人的光过上舒心的日子的人甚至有可能埋没自己的才能，成为一个庸人，要记住，机会常常到来，有的人抓住机会，采取行动。有的人注意到了机会，但却放过了。机会有时是一个刹那即逝的主意，机会有时是别人提出的一个点子，把这个机会抓住了，你就能改变自己的命运。

《捍卫战士》一片的剧作者起先只是一个一文不名的穷小子，他把这个故事提供给美国空军，但空军部长觉得这个故事不好，拒绝支持拍摄，于是他又去见海军部长李曼。李曼觉得这个故事好得不得了，立即支持F-14战斗机、航空母舰拍摄。结果那几年美国海军招生办事处忙得不可开交，好多年轻人看了这部电影后要加入海军。

同样的东西，有的人视为瑰宝，有的人却弃之于地，你只有找到真正欣赏它的人，才算真正抓住了机会，而不是一遇到挫折就不停地抱怨。

选择依旧抱怨，抑或抓住机会，全看我们自己。依旧抱怨的话，机会仍旧赶它的路；抓住机会的话，机会会在你的怀抱里朝你会心地微笑。

我们每个人都拥有两种心态：一种是“积极的心”，能够拥有财富、成功、快乐和健康；另一种是“消极的心”，阻拦所有美好的事物，使人一生庸庸碌碌。约翰·福勒的故事，就是很好的证明：

约翰·福勒是美国路易斯安那州一名黑人佃户的儿子，家中有7个兄弟姐妹。他从5岁就开始工作，9岁时会赶骡子。这些一点都不稀奇，因为佃农的孩子大多在年幼时就必须工作，他们对于贫穷是十分认命的。但是，福勒有一位了不起的母亲，她始终相信一家人应该过着快乐而且衣食无忧的生活，她经常和孩子谈到自己的梦想。“我们不应该这么穷困，”她时常这么说，“不要说贫穷是上帝的旨意。我们尽管很穷，但不能怨天尤人，那是因为你们的爸爸从来不想追求富裕的生活，家中每一个人都胸无大志”。

母亲的话深深地根植于福勒的心中，从而改变了他的一生。他一心想跻身富人之列，因此寻找各种方法努力追求财富。他认为推销东西是最快的致富捷径，因而选择了挨家挨户推销肥皂。12年后，他得知供货的公司即将被拍卖，底价是15万美元。谈判的结果是，他用积蓄的2．5万美元作为订金。答应在十天内筹足尾款12．5万美元。合约中还规定，若逾时未补齐尾款，将没收其订金。

福勒的工作态度是十分认真的，因而极受客户们的称赞。现在他需要帮忙，他向朋友、信托公司以及投资集团借钱，到了第十天晚上，他筹到了11．5万美元，还差1万美元。

曙光乍现，“我已经想尽所有的办法，”他回忆当时的情形，“时间不早了，房间里一片漆黑，我跪下来祈祷，请求上帝指引，能在时限内供我1万美元。我决定沿着芝加哥第61街走下去，心中默默请求上帝给我一线曙光。”

当时是深夜11点，走过了几个路口，福勒终于看到一家承包商的办公室里还有灯光。

福勒走了进去。那位承包商正埋头办公，由于熬夜加班，已经疲惫不堪。福勒和他略有交情，他鼓起勇气。

“你想不想赚1000美元？”福勒直截了当地问。

那位承包商回答：“想，当然想。”

“借我1万美元，我会外加1000美元的利息还给你。”

福勒告诉那位承包商，并且详细说明了整个投资计划。

就这样，福勒的口袋里放着1万美元的支票，踏出承包商的办公室。其后，他不但从接手公司获得可观的利润，并且还陆续收购了7家公司，其中包括4家化妆品公司，1家制袜公司，1家标签公司以及1家报社。

谈到自己成功的秘诀时，福勒用多年前母亲的话回答：“我们很穷，但不能怨天尤人。知道自己要什么，要能够看到机会，并且抓住机会。”

每个人的机会都是均等的，关键是你要具备把握机会的能力。当你在抱怨上天给了你一个贫困的出身的时候，何不认为这是他对你的考验呢？你要用十倍的信心和勇气承担起这种考验，这样你就能够通过自己的努力摆脱贫困，改变自己的命运。

9. 用勤劳换取幸福生活

每个人都应该珍惜劳动的权利，用辛劳的汉水换来甜蜜的果实。不劳而获的人这世上肯定有，而且不在少数，但他们却往往生活得很平庸，与成功无缘，与幸福无缘。

上世纪80年代的一首歌唱道："幸福在哪里？朋友啊告诉你，她不在柳荫下，也不在温室里，她在辛勤的工作中，她在美好的祝愿里。啊，幸福，就在辛勤的汗水里……"

一个人奋发向上的勤奋努力是取得成就、赢得幸福所必须付出的代价，天下没有免费的午餐，任何一种杰出成就都必然与好逸恶劳的懒惰品行无缘。事实上，人类任何一个优秀成果都只能通过辛勤的实干才能取得，没有辛勤的汗水，就不会有成功的喜悦与幸福。

有一位哲学家说过："真正的幸福决不会光顾那些精神麻木、四体不勤的人们，幸福只在辛勤的劳动和晶莹的汗水中。"的确，只有懒惰才会使人们精神沮丧、万念俱灰，而只有劳动才能创造生活，给人们带来幸福和欢乐。

当然，任何人只要劳动，就必然要耗费体力和精力，劳动也可能会使人们精疲力竭，但它绝对不会像懒惰一样使人精神空虚、精神沮丧、万念俱灰。因此，一位智者认为，劳动是治疗人们身心病症的最好药物。

有人说："没有什么比无所事事、空虚无聊更为有害的了。"一个人的身心就像磨盘一样，如果把麦子放进去，它会把麦子磨成面粉，如果你不把麦子放进去，磨盘虽然也在照常运转，却不可能磨出粉来。

那些游手好闲、不肯吃苦耐劳的人不愿意好好地工作、劳动，却总是想出各种漂亮的借口来为自己辩解。比如“那山太难爬了！”或者“那没必要试——我已经试过多次了，都没有成功，无须再试了”。针对这种种辩解，一位文人曾写信给一位年轻人批评说：

“你这懒惰行为，所谓没有时间等等，都只是一种借口，你总是用种种漂亮的借口来为自己辩解，我看你最根本的一条就是不肯努力，不肯下功夫，你的理论就是这样：每一个人都会把他能干的事情干好的，如果有哪一个人没有干好自己的事情，这表明他不胜任这件事情。你没有写文章表明你不能够写，而不是你不愿意写，你没有这方面的爱好证明你没有这方面的才干，这就是你的理论体系。如果你这个理论体系能为大众普遍接受的话，它将会产生多大的负作用啊。”

确实，一心想拥有某种东西，却害怕或不愿意付出相应的劳动，这是懦夫的表现。无论多么美好的东西，人们只有付出相应的劳动和汗水，才能懂得这美好的东西是多么地来之不易，因而愈加珍惜，才能从这种“拥有”中享受到快乐和幸福。即使是一份悠闲，如果不是通过自己的努力而得来的，这份悠闲也就并不甜美，充其量只不过是一种无聊而已。换句话说，不是用自己劳动和汗水换来的东西，你没有为它付出代价，你就不配享用它。

一位学者这样认为：“一个无所事事的人，不管他多么和蔼可亲、令人尊敬，不管他是一个多么好的人，不管他的名声如何响亮，他过去不可能、现在也不可能、将来更不可能得到真正的幸福。生活就是劳动，劳动就是生活。让我看看你能干什么，我就知道你是一个什么样的人。我一向认为，热爱自己的工作、尊重劳动是保持良好品德的前提条件，因为只有热爱工作、尊重劳动，才能抵御各种卑劣思想、腐朽思想的侵蚀，才能抵抗各种低级趣味的引诱。我想进一步说明，只有热爱劳动、尽职尽责，才能摆脱由于沉溺于自私自利之中而带来的无数烦恼和忧愁。无论是谁，他既不可能躲避烦恼和忧愁，也不可能避开辛苦的劳动。”

有些人总想干点轻松的、简单的事情，但大自然是公平的，这些“轻松的”、“简单的”事情对于懒惰者而言也会变得很艰难。同样，那些一心只想逃避责任的懦夫也迟早会受到应得的惩罚，因为这种人总是对高尚的、有利于公众的事情不感兴趣，于是他的私欲、各种卑劣、庸俗的念头就会在大脑中膨胀起来，这种人的心思本来可以用在有益的、健康的事业上，从而成就一番作为，结果都由于私心杂念过于膨胀，自己的心智脑力被各种各样琐屑、卑鄙甚至是幻想出来的烦恼和痛苦白白地耗费了。

有人说：“即使当我们被雇用的时候，当我们从事艰苦劳动的时候，我们也感到很幸福、很快乐；适当的休息、必要的休闲是人人所希望的，但这一份清闲必须是通过自己的努力学习赚来的，通过自己的辛苦劳动赢来的，这样才有意义，才会使人享受到劳动之余的乐趣。也只有这样活着，我们的生活才会充满无限幸福。”

的确，劳动是让人幸福、使人快乐的最有效方法之一。经常勤奋地参加一些劳动，对每个人来说都是大有裨益的。一旦离开这种经常性的、有益于身心的劳动，人们就会百无聊赖、无精打采，进而头昏眼花，神经系统也会紊乱不堪，久而久之，身体自然会莫名其妙地垮下来。千万不要陷进这种状态之中。战胜无聊和苦闷的最好办法就是勤奋地工作，满怀信心地劳动。一个人一旦参加了劳动且付出了自己的努力，那么你自然很容易地感受到欢乐，无聊与单调的感觉就会逃之夭夭。

勤奋地去做事吧，去做自己想做并且有益的事情，当你付出了足够的汗水和努力之后，你将不仅会成为一个幸福的人，而且而会成为一个大有收获的人。

第二章　放下面子把钱赚，应得利益不放弃

在生活中，我们经常会听到这样的说法：“别跟我谈钱，谈钱就俗了。”可见钱在人们眼里是一件很“俗”的东西。然而，在现实社会中，不“俗”一点还真不成。俗话说：“有钱能使鬼推磨”、“钱不是万能的，没有钱是万万不能的”。如今，社会已经进入到了市场经济时代，一切事物的价值都可以用金钱来衡量，一个人的成功与否关键是看你有没有钱，所谓的“清高”、“潇洒”，没有金钱来作基础你是“清高”不成、“潇洒”不了的。所以，做人不妨世俗一点，自己应得的利益就要争取，绝不能含糊。同时，如果能赚到钱，也不妨使用一点手腕，只要不损害他人利益，不违背道德法律就可以了。

1. 实现自己的发财梦

当今社会是一个用金钱衡量价值的社会，古代那种清心寡欲的士大夫精神早已被淘汰了。作为一个现代人，你首先要有发财的欲望，这样才可以赚他个盆满钵满，否则你就只能在落寞中空度一生。

在经济社会生活中，每个人都想发财，每个人都做着发财的美梦。但是，有些人很快就放弃了自己的梦想，于是生活就失去了动力，以后的生活就是往下混了，人生也就失去了意义。这种人我们称之为“老实人”。

在过去，“老实人”也许是个褒义词，是说人诚实稳重。但是现在，它却不吃香了，因为大家一致认为，能赚钱的人生才是有价值、有意义的人生。所以，做人不要放弃赚钱的野心，即使你一辈子都没有实现发财的梦想，你也会觉得不虚此生。并且，一般来说，你只要行动，就会有收获。拿破仑·希尔把致富的过程总结为六大步骤：

第一，牢记你所渴望金钱的确切数目。

第二，设定你想拥有所渴望金钱的确切日期。

第三，简单明了地在纸上写下你想获得的金钱数目，以及获得这笔钱的时限。

第四，一天朗读两遍你写好的告白，早晨起床时念一遍，晚上睡觉前念一遍。

第五，决定一下，你要付出什么以求报偿。

第六，草拟实现发财梦的确切计划，并且立即行动，不论你准备妥当与否，都要将计划付诸实施。

要注意，这六大步骤的核心就是要行动，因为任何伟大的财富野心只有在行动中才会变为现实。

亚蒙·哈默是一位具有传奇色彩的世界著名企业家，西方石油公司的董事长兼总经理，该公司在西方世界最大的工业公司中居第二十位，列美国大石油公司的第八位，年销售额127．5亿美元。这位业绩卓越的实业家、经济强人曾是“列宁的挚友”，号称“无所不成的红色资本家”，有着“开垦处女地”的精神，敢于到“月球”上去冒险的经营奇才。那么，他是怎样实现自己发财梦想的呢?

1898年，哈默出生于美国纽约一条杂乱狭窄的街区。他的父亲朱利叶斯·哈默是一位医生。父亲曲折奋斗的经历给年轻的哈默以深刻的印象，以致左右了哈默的一生。

当哈默还在中学读书时就开始了赚钱的尝试。有一次，他从哥哥那里借了185美元，买了一辆双座敞篷旧车。185美元对一个穷学生来说不是一个小数目，能否如期偿还没有把握。他利用圣诞节来临之际用买来的车为商人送糖果，半个月下来不但还清了哥哥的钱，自己的腰包也鼓了起来。

小试牛刀初露锋芒的他坚定了自己的志向。一年以后哈默考入了哥伦比亚大学医学院，这时他父亲经营的制药厂濒临倒闭，父亲要求他经营药厂但不能荒废学业。哈默从此开始了实业家的生涯，他请了一位同学帮助他完成学业，条件是他为这位同学提供食宿。他主管药厂后改革了经营方式和推销方法，让几百名“传教士”直销产品，取消了原来以邮寄销售为经营手段的方法，这种当面销售的方法获得了成功，药品的生意越做越兴旺。

"只要值得，不惜血本也要冒险。"这是亚蒙·哈默的座右铭和生意经。人无我有，人弃我取，使他在激烈竞争的商战中立于不败之地。亚蒙·哈默的成功经历说明，一个人要想实现财富梦想，就必须具备以下几点：

（1）要有经济意识，有发财的梦想

现代人的观念不同于过去，经济社会的突出特点就是让人们都去努力发财，财富成了现代人成功的标志。所以，经济意识一定要树立起来，要有发财的梦想和渴望，头脑里有这种准备，才有机会让你发财。没有准备，你就永远不会有发财的可能。

（2）要有具体的行动

任何梦想都是在行动中才有可能变为现实的，有了发财的梦想就要付诸行动，就要按自己的设想去做，去努力。不行动的人是不会成功的。这种行动不是盲目的，也不是轻率的，而是有计划的，有具体步骤的，是切实可行的。

（3）要有冒险的精神

想发财就要有冒险精神，因为你的想法要超出别人，才有可能获得胜利，如果你的想法与别人的一样，你就不会成功。所谓冒险，就是你要在别人不敢做某事时，你却大胆地去做，当别人看不见希望的时候，你却看见了发财的希望。

（4）要有不怕失败，能经受挫折的坚强意志

谁都不可能一定能成功，发财有时候容易，有时候也会很难，当你面对失败和挫折时，只要坚持不懈地努力，就一定会有收获。关键是你要相信自己的道路是正确的，只要你的想法具有可行性，你就应该坚持。

（5）要有全球意识

现代经济现象已经不是个别地区的现象，而是一个全球现象，你要想

发财，眼光就不能只盯在自己的脚底下，要有全球意识，这样你才能够走在经济发展的前沿，就能在别人还没有行动之前就已经做好了准备，你就有了发财机会。

（6）要有创新精神

创新就是要摆脱传统的影响，不受现有方法的局限，敢于使用别人没有使用过的方法去做自己的事情。不论是在科学领域，还是在经济领域，甚至在生活领域，敢于创新的人才有可能获得成功。

2. 要实惠不要虚名

在这个现实的社会中，金钱也许不是万能的，但没有钱任何东西都买不成；权力也许不是万能的，但没有权的人处处受欺负。这就造成了许多人眼中的“不公平”。当这种事发生的时候，不同的选择会造成不同的结果。现实主义者往往选择实惠而不是虚名。

我们所说的“公平”，其实更多的是象征意义，生活中绝对的公平是不存在的。用不同的筹码去求得一种相对的平衡，往往会皆大欢喜，反之，则可能会给自己带来些不必要的灾难。

茶余饭后，张先生戴上老花镜，跷起二郎腿，眯眼看起简报来……

“××市××厂一青年技术员，刻苦两年，发明的专利为技术厂长巧取豪夺，青年据理力争，备受迫害……”

“唉！”张先生长叹一声，“年轻人真是不经事。厂长固然可恨，青年也是可气，年轻人早遇着我老人家就好了。”

是的，这样的事也同样曾经发生在张先生身上，效果却天差地别。

三十年前，张先生毕业被分配到一家研究所工作，正值青春年华，满怀豪情壮志，他三伏九寒勤耕不辍，一年半过去，嘴巴两边长长的胡须掀动着自豪——他终于设计出一台简易降耗的减速装置！

然而，欣喜很快就被不平所代替，研究所所长技术平平却手腕遮天，为了获取“名誉”暗渡陈仓，对张先生恩威并施，要以发明的主要技术负责人自居。条件是利益共享，张先生将很快被提级重用，工资加一级。

张先生闷睡三天之后，故作爽快地答应了所长的要求。于是，所长的名字在专利证书上烫下了金色的“永恒”，而他也被暗地“擢升”为技术科长，这时他的才干才逐渐发挥……

几乎是同样的一种事，同样是“不公平”，张先生却“坦然”接受了，并在这个基础上取得了更大的成就和发展。

是的，像这样“不公平”的事的确令人气愤，然而“大鱼吃小鱼，小鱼吃泥虾”的不平事生生世世都没有停止过。一旦“不公平”降临在我们头上，我们该怎么办呢?

总结张先生的经验，以及青年技术员的教训，我们应该注意以下几点：

首先，要用平静的态度对待“不公平”。这个世界本来就是一个“相对”公平的世界，不公平是常有的事，物质的绝对存在并不决定存在着绝对的公平。比干忠谏，反遭纣王挖心残害；范蠡帮助勾践建业，功成身退，免遭了一场杀身之祸。由此可见，公平是一种客观存在，更是一种主观的努力，所以，我们要出局观局，平心待之。

其次，要认真分析权衡这“公平”与“不公平”的得失差。若有能力与“不公平”搏一场而无损，则直击“不公”无妨。否则，也可以学学张先生从另外一个角度对待“不公”。虽然失去了发明专利权，却也实实在在得到了很多。作为科技负责人，张先生有了更多的机会和权力组织研究，做出了更多的成就；作为利益共享人，张先生以毕业时不名一文之身瞬间富绰。这些比那专利上的虚名来得更为实在。如果他当时顽固地坚持公平，死要面子，那么，将会同简报上那个技术员一样备受压制和排挤，即使最终得到专利发明权，也还是由厂里来使用，自己得到的只是一个虚名而已。

第三，虽说“公平”虚有无益，却不是要逆来顺受，也要有所争。不能让他吃了鱼就不卡一点刺，认为你软弱可欺。

总之，我们追求表面的“公平”，更多的是想要守住自己的面子，但这往往会让你失去更重要的东西——实惠。所以，做人最好不要太爱面子，重要的是守护住更有益于自己的东西。

3. 你图名声我赚钱

孟子曰："鱼与熊掌不可兼得。"这世上有些人求名，有些人求利，而想要这两件好东西同时降到自己的头上，结果往往是什么都得不到。所以，聪明人懂得给别人名声自己捞钱的道理。

人世间复杂，有很多人为名声而活，就是那种"死要面子活受罪"的人；有很多人为利而活，就是那种"为了金钱不要命"的人。除此之外，人世间还有第三种人，就是名利双收的人，这种人能在关键时刻处理好名与利的关系，达到名利皆得。不过，这种人少之又少，对一般人来说不太现实。

卡耐基年幼时，父母从英国来到美国定居，由于家境贫寒，没有读书学习的机会，13岁就当徒工了。

卡耐基10岁时，无意中得到一只母兔子。不久，母兔子生下一窝小兔。由于家境贫寒，卡耐基买不起饲料喂养这窝小兔子。于是，他想了一个办法：他请邻居小朋友来参观他的兔子，小朋友们一下子喜欢上了这些可爱的小东西。于是，卡耐基宣布，只要他们肯拿出饲料来喂养小兔子，他将用他们的名字为这些小兔子命名。小朋友出于对小动物的喜爱，都愿意提供饲料，从而使这窝兔子成长得很好，这让卡耐基赚到了有生以来第一笔钱。这件事给了卡耐基一个有益的启示：人们对自己的名字非常注意和爱护。

卡耐基长大成人后，通过自己的努力，从小职员干起，步步发展，终于成为一家钢铁公司的老板。有一次，他为了竞标太平洋铁路公司的卧车合约，与竞争对手布尔门铁路公司铆上了劲。双方为了得标，不断削价火拼，甚至已经到了无利可图的地步。

有一天，卡耐基到太平洋铁路公司商谈投标的事，在纽约一家旅馆门口遇上布尔门先生。“仇人”相见，按一般情况，应该“分外眼红”，但卡耐基却主动上前向布尔门打招呼，并说：“我们两家公司这样做，不是在互挖墙脚吗？”

接着，卡耐基向布尔门说，恶性竞争对双方都没好处，并提出了彼比尽释前嫌、携手合作的建议。布尔门见卡耐基一番诚意，觉得有道理，但他却不同意与卡耐基合作。

卡耐基反复询问布尔门不肯合作的原因，布尔门沉默了半天，说：“如果我们合作的话，新公司的名称叫什么？”

卡耐基一下子明白了布尔门的意图。他想起自己少年时养兔子的经验：给别人名声可以给自己带来利益。于是，卡耐基果断地回答：“当然用‘布尔门卧车公司’啦！”卡耐基的回答使布尔门有点不敢相信，卡耐基又重复一遍，布尔门才确信无疑。这样，两人很快就达成了合作协议，取得了太平洋铁路卧车的生意合约，布尔门和卡耐基在这笔业务中，都大赚了一笔。

另有一次，卡耐基在宾夕法尼亚州匹兹堡盖起一家钢铁厂，是专门生产铁轨的。当时，美国宾夕法尼亚铁路公司是铁轨的大买主，该公司的董事长名叫汤姆生。卡耐基为了稳住这个大买主，同样采取“成人之名法”，把这家新盖的钢铁厂取名为“汤姆生钢铁厂”。果然，这位董事长非常高兴，卡耐基也顺利地取得了他稳定、持续的大订单，他的事业从此发展起来了，并最终成为赫赫有名的“钢铁大王”。

人是一种好名的动物，因为名声是一个人的无形资产，能通过各种方式转化为有形的利益，最直接的利益是能带来金钱，比如，大牌名星拍一个几十秒的广告就能得到数百万的广告费。另外，名气还能带来跟金钱同样重要的东西，如尊重、发展机会等。但是，在“名”和“利”之间要做出选择时，聪明的人往往会选择后者，因为很多时候“利”获得了，“名”也就不远了。如今全世界的人都知道安德鲁·卡耐基这个名字，而知道布尔门和汤姆生的人却不多了，这就是“舍名取利”的奥妙所在。

“成人之名”，用别人的好名心理，寻求合作，从而带来赚钱的机会。这种做法往往能收到奇效，不信的话你试试。

4. 能赚钱，会花钱

真正的有钱人并不认为1元钱仅仅就是1元钱。他们把1元钱看做是一粒种子，这粒种子能长成参天大树，结出无数的果实，来帮助他们实现愿望。每次你浪费了1元钱，就等于丢掉了一粒种子，而这一粒种子里则孕育着能为你和你的子孙造福的力量。

在现实的社会中，有一个奇怪的现象，那就是穷人特别“大方”而富人特别“小气”。越是穷人越不把钱当回事，害怕别人说自己穷，在没有必要的投资上总是显得很“慷慨”；而富人绝对不会让花出去的钱做无用功，在没有必要的投资上是非常计较的。其实，这也是穷人和富人之间的差别，富人之所以成为富人，穷人之所以成为穷人的原因。

在中国，传统商人有以“一文钱创天下的志向和能力”一说，也就是说靠自己一文钱一文钱地积累原始的资金，到一定程度以后再发展事业。这是一条走向成功的途径，但它无疑是个相当漫长的过程。而像洛克菲勒一样，跳过最初资金积累的阶段，而直接从经营入手，却不失为一条捷径。现在所有的人都知道，穷人如果想成为富人，是离不开经商的。穷人也想经商，但他们面对的第一个难题就是资金的筹措问题。

面对资金，富人和穷人最根本的区别就是心态的问题。富人认为做生意冒风险是正常的，赚钱与赔钱都是情理之中的事情，他在乎的往往只是经商的过程，因为他认为只要过程不出现失误，结果也不会出人意料。所以他敢投资，而投资的方向往往也不会错。

而穷人特别注重做生意的结果，总是怀着想赚怕赔的心态战战兢兢的，把成败得失看得比什么都重要，所以在经商的过程中如履薄冰，心理包袱沉重。这样的人更无法自如地施展自己的手脚，在商场里很容易吃亏上当。

其实不仅仅是做生意，做任何事情，首先都需要有一定的资本。因为只有有了资本，才能进行运作。那么怎样才能使自己拥有资本呢？方法不外乎两种：一种就是最原始的那种方法，一点点地积累；另外一种就像洛克菲勒一样，利用他人积累自己的资本。两种方法各有其利弊。

前一种方法稳妥，不承担多大的风险，所以生活中大多数人都是采取这种方法的，他们没有特殊的家庭背景，只能依靠自己辛勤地工作积累资本，这种积累的方法是异常辛苦而又漫长的。在积累的过程中，可能会损失人的激情，扼杀人的创造冲动，培养人的惰性，同时也会错过许多机会。即使最后积累到了一定程度，又没有了把自己辛苦积累下来的资本进行风险投资的魄力了！所以，这种方法是一种“穷人赚钱法”，赚来赚去还是穷人。富人一般都选择第二种，用别人积累的钱来为自己赚钱，虽然可能有一定的风险，只要有一定的战略眼光，利润总是大于风险的。

穷人和富人在都没有钱时，所面对的一切都是一样的，只是二者的心态不一样。穷人或者是认命，或者是等待，或者向前蜗行。富人则想尽一切办法，去掉自身的羁绊，轻装上阵。

一般来讲，穷人的赚钱思维是这样的：我没钱，但我有力，有脑力和体力，只要肯出力，还是有钱赚的。这样的想法不为过，但是一生都这样做下去，那就注定做一辈子穷人了。因为这种方式很难挣到太多的钱。富人就不一样了，只要有了一定的资本，就会让这些资本滚起来，一直处于滚动的状态，越滚越大。

穷人别说没钱，就是有钱，也不想、更不敢去投资，因为一直有想赚怕赔的心理，所以不会有经营资本的意识，更不会有经营资本的经验和技巧。也就是说，这样的人无论一个月赚多少钱，也是固定的数，所以他永远不会成为真正的富人。而富人投资是无大小的，少有少投，多有多投，即使投出的钱血本无归，最起码也落点经验。等从头再来时，就会减少更多的失误，也就有了赚钱的可能。

比如：两个穷人，很穷，每个月只能领取200元的生活补贴。一个人用这200元钱买了60件短裤，拿到地摊上每条卖4元，一共得到了240元。另一个人则全部用来买大米和油盐。同样是200元，前一个200元通过经营增值了，成为了资本；而后一个200元在价值上没有任何改变，很快就被消耗掉了。

所以，穷人的可悲，就在于他的钱很难由生活费用变成资本。当然短裤的生意也不是那么好做的，但如果照此操作，穷人的脱贫还是有希望的。实际上，很多穷人却不会按照这条致富道路前进。他有了一点钱，就会去买酒买肉，会去买套体面的衣服，会去买几注彩票。穷人穷惯了，有了钱就只想改善生活，哪怕你给他100万，他也想立刻把钱变成房子、车子，好让所有人都知道他已经不是穷人了！但这些东西是不能增值的。有了车，就有了汽油费、养路费、修理费、保险费，就算你停着不动，那一笔停车费也够穷人多少天的伙食了。再多的钱如果只出不进，要不了多久也会耗光。

所以，穷人在没有资金的情况下，应该学会控制自己的支出。要做到这一点，就不要将必要开销和你的欲望混为一谈。你自己和你家人的欲望，永远不是你的薪水所能满足的。因此，假如你的收入是用来满足这些欲望的话，那么钱必定会花光。但是钱花光了之后，你还是感到永不满足。

透彻研究一下自己的生活习惯，你可能会发现，某些你视为理所当然的开销，其实可以明智地加以消除或减少。所以，不妨给自己一个座右铭：将钱用在刀刃上，让你所花费的每一分钱的价值提高到100%。说白了，也就是学会“赚钱”、“花钱”的本事。

5. 放下面子把钱赚

俗话说：“钱不是万能的，但没有钱却是万万不能的。”故作清高固然能求得个内心安稳，但面对现实生活的压迫，还是不得不让人正视金钱的魔力。在清高与世俗之间，遵循世俗的规则，是现实主义者的选择，如果放下面子能赚钱，他们是不会为了面子而眼睁睁地看着钱白白流走的。

面子和金钱到底哪个更重要？相信每个人都有自己的见解和看法。中国古代有“贫者不受嗟来之食，志士不饮盗泉之水”的典故，历来为人所称道和赞扬。这种气节固然可以让人钦佩，但随之而来的结局却让人惋惜，毕竟人的生命只有一次，为了那点可怜的面子而命丧黄泉，实在有点不值。

做人固然不能不要面子，但面子观念太重反而会束缚住自己的手脚，为自己的前途和发展蒙上一层阴影。自古以来，放下面子拿金子的例子不在少数，即使是闻名天下的大文豪司马相如也不例外。

汉代的大辞赋家司马相如出川漫游，以两篇《子虚赋》和《上林赋》闻名天下，博雅之士无不以结识他为荣。但是，司马相如却放任不羁，又不治产业，一派浪荡公子相。

有一年，司马相如外游归川，回来的路上路过临邛。临邛县令久仰司马相如之名，恭请至县衙，连日宴饮，写赋作文，好不热闹。

不料，此事惊动了当地一位富豪，他就是卓王孙。卓王孙原本是赵人，秦人移民时迁来临邛，以冶铁致富，家有万金，奴仆千人。听说来了个才子司马相如，也想结识一下，以附庸风雅。但他仍摆脱不了商人的庸俗，故而实为请司马相如，但名义上却是请县令王吉，让司马相如作陪，司马相如本看不起这班无才暴富之人，所以压根没准备去“陪宴”。

到了约定日期，卓王孙尽其所能，大排宴席。县令王吉因平日依仗卓王孙钱财之事甚多，所以早早就到了，但时辰已过，司马相如却不见人影，卓王孙急得如热锅蚂蚁，王吉只好亲自去请。

司马相如当时正在高卧独饮，但驳不过王吉面子，便来到卓府。卓王孙一见司马相如的穿戴，心中早已怀有瞧不起之意，心想自己是要脸面之人，请来的却是这样一个放荡无礼之辈。

司马相如全然不顾这些，大吃大嚼，只顾与王吉谈笑，早把卓王孙冷在一边。忽然，司马相如听到内室传来凄婉的琴声，琴声不俗，司马相如一下子停止了说笑，倾耳细听起来。

卓王孙原被冷在一边，讪讪地没意思，但见琴声吸引住了这位狂士，便夸耀说这是寡女卓文君所奏。司马相如早已痴迷在那里，忙请求让卓文君出来相见。卓王孙经不住王吉撺掇，派人唤出卓文君。

司马相如一见卓文君，两眼直勾勾愣在那里，他万万没想到这俗不可耐的卓王孙竟有这般美丽高雅的女儿。于是要过琴来，弹奏了一曲《凤求凰》向卓文君表达爱意。卓文君心里明白，她也爱慕司马相如的相貌和才华，当夜便私奔到司马相如处，以身相许。经过商量，两人一起逃回成都。

卓王孙知道这事后，气得暴跳如雷，又是骂女儿不守礼教，又是骂司马相如衣冠禽兽，发誓不准他们进家门。

再说，卓文君随司马相如回到成都后才知道，她的夫君虽然名声在外，但家中却很贫寒。万般无奈，他们只好返回临邛，硬着头皮托人向卓王孙请求一些资助，不料却遭到卓王孙破口大骂：“我不治死这个没出息的丫头就算便宜她了，还想要我接济，一个子儿也不给！”

夫妇俩听说父亲的态度如此坚决，心都凉了半截儿，可是眼下身无分文，日子怎么过才好呢？到底她们俩都有“才”，很快想出了一个“绝招”。

第二天，司马相如把自己仅有的车、马、琴、剑及卓文君的首饰卖了一笔钱，在距卓府不远的地方租了一间屋子，开了一间小酒铺。

司马相如穿上伙计的衣服，卷起袖子和裤腿，像酒保一样，又是擦桌椅，又是搬物件；卓文君穿着粗布衣裙，忙里忙外，招待来客。

酒店刚开张，就吸引了许多人。这倒不是因为他们卖的酒菜价廉物美，而是前来目睹这两位远近闻名的落难夫妇。司马相如夫妇一点也不感到难堪，内心反而高兴，因为这正好达到了他们的目的——给顽固不化的老爷子现现眼。

很快，临邛城里人人都在议论这件事，大家都对这一对夫妇表示同情，而责备卓王孙刻薄。卓王孙毕竟是一位有身份、有脸面的人物，很爱面子，十分顾忌流行一时的风言风语，居然一连几天都没敢出门。

有几个朋友劝卓王孙说：“令爱既然愿意嫁给他，就随她去吧。再说司马相如毕竟当过官，还是县令的朋友。尽管现在贫寒，但凭他的才华，将来一定会有出头之日的，应该接济他们一些钱财，何必与他们为难呢？”

这样一来，卓王孙万般无奈，分给卓文君夫妇仆人百名，钱财百万。司马相如夫妇大喜，带上仆人和钱财，回成都过生活去了。

卓文君与司马相如的爱情故事，千百年来一直被人们所津津乐道，其一是源自于这对郎才女貌的恩爱夫妻冲破封建礼数的束缚，追求爱情的自由幸福；其二则是夫妇俩当垆卖酒，以放下面子来换得万贯家财，可谓是名利双得。

人要面子活受罪，看样子这句话一点不假，假如司马相如夫妇太注重面子的话，他们也只能清苦度日了。相反，他们抓住了老丈人爱面子的特点，小使手段，便挣得了万贯家财，让自己过上了富足的生活，也为历史留下了一段千古佳话。

6. 礼轻情意重

大多数人都把送礼、拍马屁看成是不正之风，大有谈虎色变之势。其实，这是一种错误的看法。人是一个社会群体，要想在这个群体中更好的生存下去，有饭吃、有钱花，就不能不把人际关系搞好，而搞人际关系则少不了礼尚往来。

现在，让我们先看一下这个“礼”字在社会生活和人际交往中的作用。有人经过调查研究指出，日本产品之所以能成功地打入美国市场，其中最秘密的武器之一就是日本人的小礼物。换句话说，小礼物在商务交际中起到了不可估量的作用。

当然，这句话也许有点言过其实。但是日本人做生意，确实是想得最周到的，特别是在商务交际中，小礼品是必备的，而且会根据不同人的喜好，设计得非常精巧，可谓人见人爱，很容易让人爱礼及人。

小礼物起到了非同小可的作用，而精明的日本人此举之所以成功，还在于他们精明地摸透了外国商人的心理，同时又运用了自己的策略。一是他们了解了外国人的喜好而投其所好，以取得别人的好感；二是他们采取了令人可以接受的礼品，因为他们深知欧美商业法规严格，送大礼物反而容易惹火烧身，而小礼物绝没有受贿行贿之嫌。

现如今，送礼其实已成了一门艺术和技巧，从时间、地点一直到选择礼品，都是一件很费心思的事情。很多大公司在电脑里有专门的储存，对一些主要公司、主要关系人物的身份、地位以及爱好、生日都有记录，逢年过节，或者什么合适的日子，总有例行或专门的送礼行为，以巩固和发展自己的关系网，确立和提高自己的商业地位。

事实上，送礼只不过是一种表达心意的形式。礼不在多，达意则灵；礼不在重，传情则行。双方都不要看重礼物本身的物质价值，而应视为收到的是一份浓浓的情、厚厚的意。

礼物是一种友情的表示，中国早就有投之以桃、报之以李的习俗。朋友之间或出远门旅游捎回一点当地特产，或年节佳辰，个人喜庆，赠送一点敬贺礼品，表达彼此间的一番情谊，这是一种诚挚的感情交流，是发自内心的赠予，是感情的物化。

一般来讲，礼物太轻，又意义不大，很容易让人误解为瞧不起他，尤其是对关系不算亲密的人，更是如此。但是，礼物太贵重，又会使接受礼物的人有受贿之嫌，特别是对上级、同事，更应该注意。除了某些爱占便宜的人外，一般人就很可能婉言谢绝，或即使收下，也会付钱，要不就日后必定设法还礼，这样岂不是强迫人家消费吗？因此，礼物的轻重选择以对方能够愉快接受为尺度，争取做到少花钱多办事，多花钱办好事。

除了送礼物之外，现实主义者还应懂得拍马屁的技巧。何谓“拍马屁”？《现代汉语辞典》的解释是：指谄媚奉承。其实，认真考证起来，这个解释并非“拍马屁”的原意。

据著名史学家顾颉刚先生考证，“拍马屁”一词源于我国北方的游牧民族地区。牧民们非常喜欢马，并将马视为自己的第二生命，常以得良马为无上荣耀，故蒙古人有“人不出名马出名”之谚。所以，每当称赞自己的马好时，习惯上总是拍拍马的屁股，对别人的好马也常常拍拍马的屁股加以称赞：“好马！好马！”只有欣赏赞叹之意，本无谄媚奉承之嫌。可后来，有的人为了迎合别人，不管别人的马是好是坏，也总是拍拍马屁股说好。相沿既久，才使“拍马屁”逐渐演化成含有谄媚奉承之意的俗语。

由此可见，“拍马屁”的原意就是赞美别人，并无褒贬之分。但是，现实生活中人们的地位、利益及道德是不尽相同的。所以同是赞美别人，就出现了善意、恶意、无意之别。

善意的“拍马屁”，应该提倡。我们经常看到，马戏团的动物非常驯服，表演起节目的机智更是令人难以置信。但我们却常常忽略一个细节，就是只要被驯的动物做完一个动作，驯兽师就立即拍拍它，给它点吃的。人是地球上最高级的动物，除了物质需求以外，还有精神上的需求，希望自己能得到社会上的承认。为了获得赞赏和承认，人们竭尽全力，甚至不惜献出自己的生命。其实，我们每个人都蕴藏着还未利用的潜能，这种能力在指责之下就萎缩，在激励之下就会发挥。所以，戴尔·卡耐基曾建议：“赞扬哪怕是每一个最微小的进步，都应真诚地表示满意，慷慨地给予赞赏。”这种赞扬，说俗点就是“拍马屁”。

无意的“拍马屁”应该允许。为了说得好听一些、含蓄一些，在某种容易激动的或敏感的情况下，使人们容易接受，所以近似恭维的说法在社会生活中广泛而频繁地使用着。一是敬体语，即有关对方的事物都要使用带有恭敬意思的敬称，例如“您”、“贵府”、“令尊”等。而对有关自己的事物则要使用有点谦虚意思的话语，例如“寒舍”、“家母”、“内助”等；二是委婉语，人都有趋利避害的倾向，人际语言交流也不能违背这个原则，于是就形成了近似恭维的礼貌。人与人之间的礼貌，有一定的形式、程式和措辞等，人人都必须遵循，否则就为社会所不容。

只有那些恶意的“拍马屁”，才是社会所不齿的。冯梦龙的《广笑府》中有一则“颂屁”：一士死见冥王，王忽撒一屁，士即拱揖进辞曰：“仕维大王，高耸尊臀，洪宣宝屁，依稀丝竹之声，仿佛麝香之气。”王大喜，命牛头卒引去别殿，赐以御宴。至途中，士顾牛头卒谓曰：“看汝两角弯弯，好似天边半月，双目炯炯，深如海外之星。”卒亦甚喜，扯士衣曰：“大王御宴尚早，先在家吃，下回再去。”

这类恶意“拍马屁”的人之所以如此厚颜无耻，既不是为了温情，也不是出于义务，只是为了一点点私利，就装出一副笑脸，放弃自己的尊严，的确为世人所不耻。马雅可夫斯基有一段对“拍马屁的东西”的描绘，堪称一绝：“舐你的脚，舐你的手，舐你的下部，舐你的腰——如同狗崽子／舐／母狗。舌头！六尺长……真是／精力无穷／难以想像……于是他扶摇直上。”形象地揭露了这类马屁精的丑恶嘴脸和罪恶目的。对于这种人，我们最好敬而远之。

7. 应得利益该“争”必须“争”

有些人抹不开面子，无论做什么事，都不愿去“争”，即使对自己分内应得的利益，也觉得主动去“争”太掉身价。这是一种典型的穷人心理，要知道，一个人要想成为有钱人，首先就得有“争”的勇气。

在我们的工作和生活中，有些人认为做人就要本本分分、规规矩矩，他们在工作上任劳任怨，在生活上严谨自好，各个方面都达到了社会规范的基本要求，在单位领导的眼里是很听话的人，在群众中的形象也是公认的好。然而，就是这样的人却总是吃亏。也就是说，遵守规则的人并没有得到奖励，而违背规则者却获利甚丰。这种现象看似不正常，但却很普遍地发生在我们的身边，久而久之，反倒成了正常现象。为什么这种人总是吃亏？这与其羞于争取自己分内利益的行为有着直接的关系。

有些人极为重视道德和规则，认为自己去争取利益这件事本身就不符合道德标准。而对道德标准的遵从，使他误以为有好的用心、好的行为就必然会有好的结果。也就是说，只要自己做了工作，有了成绩，社会自然就会安排自己的利益，因此没有必要去“争”。

而且，有些人还总有一种认识上的误区，认为“争”便是不道德，因为道德的行为是讲究无私奉献，只讲付出、不求索取的。但事实上，争取自己的分内利益是一个与道德无关的问题，按劳分配，等价交换，乃是天经地义的公理。但老实人看不到这一点，他们以道德感来评判一切事物，并以此来决定自己的一切行为取向。因此，在他们眼里，争取利益就变成了一件不具道德优势的事。

还有些人，也认识到了应该去争取一下自己的正当利益，但是却苦于无计可施。因为在争利的过程当中，势必要运用一些超出群体规范的技巧和手段，而这一点乃是他们最不能接受的。这些人把争利的过程与小人行为等同起来，于是争取自己的分内利益，就不仅是不必要、不具道德优势的举动了，而且甚至成为可耻、可恨的事。

然而，这种“不争”的道德之举，却带来了一系列的不良后果，这些后果从一个客观的立场上来评价的话，甚至还很有不道德的因素在内，这大概是那些所谓的“正人君子”始料不及的。

首先，使自己的生存能力显得不足。我们都是生活在世俗社会中的平凡人，我们要活下去，就必须要有一定的物质基础作保障，没有这些东西或者获取不足，生活就会出现困难。这是一个非常现实的问题，而道德正义感并不能一劳永逸地解决肚皮咕咕叫的问题。如果你羞于争利，使应涨的工资未涨，应分的房子未分，应升的级别未升，势必会使自己的生活质量严重受损，并且，这种损失往往并不单单涉及到一个人，其小集体的其他成员，特别是家庭成员也必将跟着受害。

其次，对自己事业的长期发展不利。一个人有理想，有抱负，有公正心和正义感，这很值得提倡，但千里之行始于足下，万丈高楼平地起，通往理想的路就像是爬山的石径，必须要一个台阶一个台阶地攀登，必须要有一定的实力作铺垫。如果你羞于争利，就等于是少登了一个台阶，而有些时候，少登一个台阶，就会错过一系列的机遇，这样少登一个台阶事实上很可能就相当于少登了十个甚至是上百个台阶。无疑，这对我们事业的发展是极为不利的。

第三，会影响情绪和心情。人非草木，孰能无情？自己受到不公正的待遇，自然要感到恼火、窝心、生气、烦闷，这当然会影响到自己的工作和生活，对身体健康也颇为不利。可见，羞于争利，失去的不仅仅是一种利益，它会有一系列的负面后果，对此我们应有足够的认识。

另外，从对社会的角度来看，这种“不争”之举其实是助纣为虐，有道德之心，而生非道德之果，正所谓播下的是龙种，收获的却是跳蚤。不争应得之利，会使不公平的行为逐渐演化为不公平的规则。世界上并无绝对的、天生的规则，一切有关人类行为的规则都是从人们的相互交往中演化出来的。也就是说，当同一种行为一而再、再而三地发生以后，它就会变成一种具有约束力的行为模式，这种行为模式再经过长期地大范围地实行，就会成为一种新的社会规则，对人产生外在的强制力。老实人不去争取自己的应得之利，而不应得者却大得其便，获利甚丰，这就构成一种行为模式。在以后的类似行为中，老实人可能仍旧不能获得自己那部分正当利益，而不应得者再次从中获益，久而久之，不正常就成了正常，不公平的东西则固化为社会规则的一部分。这样，老实人的忍让和退缩，就不仅仅是一种不利于己的行为，而成了阻碍社会进步的行为。

可以说，现实并不理想，因为人本身就充满了缺陷。无论在什么时代，在什么地点，社会上总存在着大量超出正常状况的争取私利的情况，并且他们往往又能取得成功。这些现象，从短期来看是不道德的、反进步的，而从长远来看又为我们社会的发展和创新提供了动力，因此是难以杜绝的。

面对自身利益有可能被无理地剥夺的现实，世俗者该怎么办？是忍气吞声呢，还是奋起一搏呢？答案当然是要扼腕而起，坚决捍卫，绝不无原则地放弃自己的正当权益。我们应该冲破自己的那种僵化的道德观，真正认识到，确保自己的分内利益，是每个人都应承担的责任，它不但有利于我们自己的生存和发展，同时对社会公正法则也是一种切实有力的支持和维护。只是盯在一事一行的道德上，那只是小道德，而使自己行为的后果做到有利于整个社会的发展和进步，那才是大道德、真道德。

如果我们每个人都不做弱者，不做牺牲品，敢于去争取自己应得的利益，那么坏人就会无利可争、无食可夺、无机可乘、无利可图，也不会有那么多人假公济私了。也只有这样，我们的天下才会更加太平，社会才会更有序，老百姓才会活得更加心情舒畅。

8. 在犹太人眼中，“钱”是上帝

很多时候，能不能赚到钱，取决于你对钱的态度。这就好像交朋友一样，如果你对一个人态度很不好，甚至可以说是恶劣，那么他怎么可能亲近你呢？在这一点上，犹太人是我们的楷模。

犹太人对金钱的重视几乎到了顶礼膜拜的程度。两千多年的流浪过程中，他们没有自己的土地，也没有自己的国家，他们只能在异国他乡寄居生存。他们边际性地活动在各个集团，各个行业，甚至不同的国家之间。他们惟一能掌握的便是通过商业经营赚来的钱。

金钱在这个世界上无疑成了万能的上帝，它不但给人们生存的机会，而且能为人们争得权利和地位。犹人人在两千多年的流浪过程中，历经迫害、压迫、放逐乃至杀戮，却始终未被同化，且最终建立了自己的主权国家以色列，这或许是人类历史上仅有的奇迹。人们会问，犹太人何以生命如此顽强，历经劫难而不灭，答案或许就是一个字：钱！

犹太民族是一个乐观豁达长于幽默的民族。从他们的幽默中，我们也可以看到钱的重要性。有则笑话是这样讲的：

范因斯坦一家都接受了基督教的洗礼，可萨洛蒙仍想同他结为儿女亲家。范因斯坦不高兴了，他对萨洛蒙说：

“老弟，我们可不能结为亲家啊！第一，你是犹太教徒，我是基督教徒；第二，你穷得和叫花子差不多，一个钱都没有，你知道，对咱们犹太人来说，金钱可比一切都重要。”

这则笑话表面是在嘲讽范因斯坦的前言不搭后语。刚谈自己是基督教徒，接着又自称是犹太人，岂不自相矛盾？但认真琢磨，实际上范因斯坦在基督教的压力下，不得不改宗，但永远改不掉的是对钱的态度。他的血管里流淌的是犹太人的血，而犹太人则是以钱为重要的民族标记的！

我们知道，犹太民族是一个以文化立族的民族。在正统的意义上，犹太人同犹太教徒是一回事，信仰犹太教的人就是犹太人。然而，我们在上面讲的故事当中，不难看出其中折射出来的这样一个文化事实：既然对待上帝的态度可以成为一个民族的疆域，为什么对待钱的态度就不能构成这个民族的疆域呢？上帝也罢，钱也罢，都是人类的造物，犹太人的上帝是仅此一个而且看不见的，钱实际上也是仅此一个而且看不见的：钱只不过是人与人之间社会关系的一种符号形式，我们看见、触摸到的只是钱的暂存形式，并不是钱本身。

这样的解说或许令人大感意外。其实，这种意外只能证明意外者尚未达到犹太人看待钱的那种高度。任何在潜意识层次还无法接受钱的“准神圣”性质的人，都不是这里所说的“犹太人”。

事实上，犹太人尤其是犹太商人中为了取得在“钱”上的成功而放弃犹太人的信仰仍被人视为犹太人的，从来不乏其人。在著名的犹太银行家中，伦敦的哈姆勒，纽约的贝尔蒙特，柏林的布莱希罗德都皈依了基督教；美国赢利最大的出版商、纽豪斯报馆的所有者塞缪尔·纽豪斯只雇用非犹太人的编辑或发行人，甚至那些已经在美国名牌大学中获得学术地位的教授，也有许多已不再把自己看作犹太人了。然而，世人仍把他们都看作犹太人，而根本不理睬他们的宗教信仰是否发生过变化。相反，或许正是从这种为争取成功而不惜牺牲其他价值的事情上，人们找到了界定犹太人的最本质特征。

这意味着，在生物学基因不足以界定犹太人的民族身份而必须辅之以宗教的同时，我们发现，单单宗教信仰也不足以界定犹太人的文化身份，而必须辅之以对待金钱的态度。

尽管从绝对数量来说，犹太人较多地从事农工畜牧的生产活动，但作为寄居城市的独特生存状态，犹太民族始终保持着一个商人民族的身份。我们知道，在世界上有着特定历史背景的，并且在相似的社会条件下，如亡国或受迫害等，生存下来的民族决不仅止于犹太民族一个，但惟有这个民族走上了“专职”商人的道路。尽管他们屡遭驱逐甚至杀戮，被一再剥夺得两手空空，但只要有那么一段和平时期，犹太人就可以由商业活动、由同钱打交道而迅速崛起，在繁荣当地商业的同时，自己也富裕起来。这犹如沙漠中一颗晒干的种籽，只要一场小雨，马上就会萌芽而茁壮生长起来。

用一个日本商人的话来说：“信仰犹太教的犹太人，做生意确实有一套本领。生意人如果都去做犹太教的信徒，世界上就不会有战争，而都可以赚钱，世间就变成了乐园。也许几百年后，地球上所有的人都会成为犹太教的信徒。”这个日本人就是自封为“银座的犹太人”的藤田，实际上他也是一名成功的生意人。

在现代社会中，这种对钱的迷恋或许还算不上独特，那么在两千多年前就不大一样了，在犹太教经典《塔木德》中有这样的犹太谚语：

“钱不是罪恶，也不是诅咒，钱会祝福人的”。

“钱会给予我们向神购买礼物的机会”。

“身体的所有部分都依靠心而生存，心则依赖钱包而生”。

这种对钱的态度，在很大程度上反映出一个社会、一个民族或一种文化的“资本主义合理性”水平。在这一点上，犹太人的民族起源与历史遭遇无疑起着决定性的作用。

犹太人的长期流散，使他们不可能鄙视钱，因为每当形势紧张，他们重新踏上出走之路时，钱是最便于他们携带的东西，也是他们保证自己旅途中生存下来的最重要手段。

犹太人的寄居地位，也使他们不可能鄙视钱，因为他们原来就是用钱才买下了在一个国家生存的权利。要知道，犹太人缴纳人头税和其他特别税，名堂之多、税额之重，是绝无仅有的，“犹太人若非自己在财政方面的效用，早就被消灭殆尽了。”这是犹太人与非犹太人之间不多的共识之一。

犹太人的四散分布，也使他们不可能鄙视钱，因为钱是他们相互之间彼此救济的最快捷方式。

犹太人的长期经商传统，也使他们不可能鄙视钱，因为尽管钱在别人那里只是媒介和手段，但在商人那里，钱永远是每次商业活动的最终争取目标，也是其成败的最终显示。

所以，钱对犹太人来说，绝不仅止于财富的意义。钱居于他们生活的中心地位，是他们事业成功的标志。钱本来就为应付那些最好不要发生的事件而准备的，钱的存在意味着这些事可以避免发生，钱越多，也就意味着发生的可能性就越小，所以，赚钱、攒钱并不是为了满足直接的需要，而是为了满足对安全的需要！

所有这一切表明，在其他民族对钱还抱有一种莫名的憎恶甚或恐惧之时，犹太人在钱这一方面已经完成了从单纯经济学意义上向文化学、社会学意义上的划时代跨越。钱已经成为一种独立的尺度，一种不以其他尺度为基准，相反可以凌驾于其他尺度之上的尺度。

这样，钱对于犹太民族来说，具有了神圣的性质，而这一性质对于资本的发生、形成、积累和增值，都有着至关重要的意义。

一方面，赚钱行为或日后的资本主义经营行为，现在成了一种自在的行为。能否赚钱成为决定一切行为之正当性的终极尺度，一切价值、观念、规范和活动都必须通过钱来获得自己的合法性、正统性，就像自然经济下它们由神的旨意而获得合法性一样。这样一种人类状况的确立，为商业化的大潮席卷一切领域开启了闸门，从而几乎使世间的一切纷纷坠落到商品的大海中。它们原先的神圣性，不管是宗教的、伦理的、美学的、情感的还是其他什么的，都不复存在，或者至少都清一色地被抹上了一层金黄色、铜绿色或者水印痕迹。

另一方面，钱的自在地位的确立，使得钱的历史发展逻辑自然转变为人的思维逻辑，钱的自发发展的动因转化成人类制度性建设的动机。在钱的无声且无上的指令下，一切有利于资本发生、形成、发展、增殖的设施、机制和构件，自动建立了起来。世界市场的开拓、经济秩序的确立、金融作用的实现、政治权力的驾驭以及种种观念规范等等，都有条不紊一个个出现。在不同历史时期确有不同民族的商人出现在人类经济发展的关键地段，而犹太商人在确立钱的“准神圣”地位上先行了一步，因此成了向资本主义进军的排头兵，成了名副其实的“资本家的原型”。

钱的“准神圣”地位的确立，为犹太人追求物质利益的活动，清除了在其他民族中常见的种种认识和观念上的障碍，使犹太人得以最为自由地施展自己的赚钱才干。

犹太人对钱的同构、逻辑、机制的认识，向我们展示了他们生存机制中的一种内在动力，这一内在动力使犹太民族能够随着人类社会商业发展和资本合理性的增长而不断调整和成长，并表现出了高度的同步甚至超前。这正是他们成为真正的商人民族，成为“世界第一商人”的内在原因，因此也是我们向犹太人致敬、学习的原因。

第三章　交往先设防，安全有保障——知人知面不知心

有人主张交友必须要坦诚，认为只有义字当头、肝胆相照才能算是真正的朋友。这种论调，如果放在古代，或许会忽悠一帮人，但是现在大家都学聪明了，都懂得“知人知面不知心”的道理，与人交往之前往往懂得先设防。其实，对人设防并不是一种虚伪、狡诈的作风，而是一种高超处世的技巧。诚然，社会中还是好人多，他们不会对你构成多大危害。然而，在这个万事“利”为先的社会里，一切都是不可知的，任何人都可能随着外界环境的变化而变化，俗话说：“兔子急了还咬人呢”。如果你处处不设防，处处给人以可乘之机，无疑是在诱使人犯罪，不狠狠“宰”你一刀都对不起你。

1. 人性本恶，防着点不吃亏

世界上大多数人还是很单纯的，觉得自己是好人全世界的人都应该是好人，结果不设防，对谁都以诚相待，所以生活中才会有那么多吃亏上当、追悔莫及的事情发生。做人要现实，就是要求我们在生活中多防着点，不要总是把真心掏出来给人家。

中国古代大哲学家荀子在论人性时说："人之性善，伪也。"这句话的意思是说，人性如果看来是善的，也是努力装扮成这样的，因为人性本来就是恶的。人性究竟是善还是恶，绝非三言两语就能够说清楚的。但是在现实生活中，与人打交道时的确要谨慎小心，对人不妨考虑一些防范对策，否则待事情发展到糟糕程度时就为时晚矣。

一般人都不喜欢谋略意识强烈的人，也就是心眼太多的人。然而，在现实社会里，欺骗、狡诈无处不在。大到国家之间的争端，小到个人之间的利害关系，这种行为遍地都是。因此，与其说欺瞒他人不正当的行为太卑鄙，倒不如说吃亏上当的人太单纯、太大意。

从某种角度看，人生是一场战争。在这种战争中，为了求生存，必须有慎重的生活方式和态度。这样才不至于吃亏、上当。当然，这并不是要你去欺骗别人，而是一种正当的防卫。社会上鱼龙混杂，到处都是陷阱、圈套，必须小心提防，正所谓"害人之心不可有，防人之心不可无"，说的就是做人要现实一点，不要太单纯，对什么人都不设防。

那么，究竟什么样的人应该提防呢？

在商业关系中，许多人只是生意场上的朋友，因此，当你飞黄腾达时，这些人都会奉承你，沾你的光。而当你一旦失势，这些人便会抛弃你，另攀高枝了。对待这种人，不得不防。

另外，生活中的一些朋友也不能放松警惕。有些人交朋友只知道利用别人，而自己却很少为别人做些事情。这种朋友关系，很难维持长久。因此，交友时一定要慎重，尤其是那些有利害关系的朋友，交往时更要小心谨慎，保持距离。

还有，我们防人最主要防的对象就是“小人”。余秋雨先生在一篇散文中曾提到“小人”的问题，他的意思是，英雄们在临终的时候，觉得最为痛恨的人并不是自己的劲敌，他们往往从牙缝里挤出两个字：小人。

看来，“小人”不小，他们的能量大着呢！他们可以做汉奸、叛徒，他们有时候会做出种种可怜的样子，以博得你的帮助，当你失去利用价值的时候，他们就会反过来咬你一口。蚂蟥的可怕之处是，它以不经意的亲热方式去吸人血，而小人比蚂蟥还可怕，不得不妨。

所谓“明枪易躲，暗箭难防”。在人生的舞台上，时刻都有“小人”存在，他们在各种环境中挖空心思地寻找漏洞，然后见缝下蛆，当蛆们长大了，爬上你的桌面时，那种滋味是很让人恶心的。但是，他们会做得非常巧妙，不到关键的时候，他们不可能让你知道蛆的存在，等到你知道了，也已经来不及了，这是他们的高明之处。

与小人交往，要涉及两个过程，一个是你先要鉴别对方是不是小人；第二个是你要研究孤立他的方式，生硬的方式不好，他们会因此记恨你，并想出什么莫名其妙的办法来陷害你，那就得不偿失了，所以你要选择一个恰当距离，跟他们平等交往。

时刻小心警惕小人，倒不是因为你怕他们，自古邪不压正，可是，从古至今很多帝王将相也确实栽在小人的脚下，这种事从来都不知道上哪儿去说理，因为真刀真枪地干，无论失败还是成功，都是明明白白的，可是暗箭就说不清楚了，来自什么方位、谁射的，你可能永远都不知道，就是林肯、拉宾也不能幸免。所谓“知人知面不知心”，有些人在你身边生活了好多年，你也没觉察到任何阴谋诡计。所以，你时刻都要穿好“防弹衣”，而且不要总是听某个人的话，这样才能或多或少地减少一些损失。

如果你发自肺腑地讨厌小人，那么在自己的为人处世中千万别沾染任何小人的痕迹，否则，你想重新做人都很难。因为一个人如果在别人的印象中是小人，那么他基本上就已经走出了主流的行列。

总而言之，与人交往首先要设防，如果你的“防弹衣”足够厚，管他是小人还是君子，都没有办法伤害你。所以，做人不能浪漫主义，天真地以为世界上全是好人，那样的话，栽跟头是迟早的事。

2. 察言观色识人心

防人不如察人，因为“防”毕竟是被动的，等到事情降临到头上的时候，你才能做出判断，这时也许已经为时已晚了。倒不如在与人交往之前，主动出击，通过他的一些言行来判断，这个人是不是值得你去费心交往。

中华民族是一个最懂得权谋的民族，这其中不乏察言观色的绝招妙计。当然，我们不可以用来害人，但通过观人心以防卫，从而保护自己却是大有裨益的。

一位君主有一次对他的近臣说了一段话，大意是这样：“某人对妻子十分冷淡，实在很不应该。假使夫妇之间感情不和睦，并且有足够的离婚理由，他大可名正言顺地和妻子离婚，否则就应该彼此互敬互爱，白首偕老，不但要同甘，更要能共苦。像某人这样，连自己的妻子都非常冷淡，对待别人更是可想而知，这种人绝对不可交。”

这就是以某人对待妻子的态度，推测他可能有的处世态度，用的是比较观察法。这种方法，我们在现实生活中也可以运用。

A化妆品公司的宣传部长刘先生，曾在闲聊时讲了一则他的亲身经验：

有一次，一个广告代理商到刘先生那里洽谈生意，谈到与A公司对立的B化妆品公司，这个代理商或许为了拉广告，于是把B公司的宣传机密全盘托出。

刘先生听到这里，忽然想到："此人与我并无深交，为什么会对我泄漏B公司的秘密？可想而知，他同样会把我们公司的机密泄漏给B公司。"从此再也不信任这个广告代理商了。

刘先生这里和那位君主运用的方法一样，都是比较观察法。他没有被眼前的小利所蒙蔽，而是长远考虑，由己及人，从而做出了自己的判断。

在《韩非子》一书中，对类似的实例收录极多，我们不妨列举几则。

其一：

晋国重臣文子，有一次因为被案情牵连，于是匆忙逃命。在慌乱中逃到了京师外的一个小镇。

跟随他逃亡的侍从说："统领此镇的官吏，曾经出入八大府邸，可视作亲信，不如我等先至他家略事休息，待行李到来，再行赶路如何？"

"不可，此人不可信赖。"

"何故？他曾亲密地追随过大人……"

"唔！此人知我喜好音乐，即赠我名琴；知我喜好珍宝，即赠我玉石，像这种不用忠告方式而以宝物博取我欢心的人，如果我前去投靠，必被他献给君王以博欢心。"

于是，文子不敢稍作停留，连行李都顾不上带，继续赶路。

文子的看法果然不错，后来此官把文子的两车行李拦截下来，献给君王邀功。在这种情况下，不用比较法就很难辨别一个人的品质，而用比较法之后，这个人的"狐狸尾巴"就暴露无遗了。

其二：

从前，一个名叫鲁丹的游士，周游至魏国，想把自己的策略呈献君王，可惜投递无门。于是鲁丹以大批金银珍宝，赠给君王亲信的幕僚，请他代为引见。此法立即生效，鲁丹被王召见，并于谒见之前，先以山珍海味接待他。

席间，鲁丹不知想起什么，忽然放下筷子退出宫殿，也不回旅舍，立即离开魏国。

从者很惊讶地问："他们如此厚待，为何离去……？"

鲁丹回答道："这位君主被他的侧近所左右，自己没有一点主见，日后如果有人说我的坏话，君主必定会惩罚我，还不如早些离去的好。"

其三：

魏国将军乐羊率兵攻打中山国。

其时乐羊之子正栖身中山国，于是中山国王将乐羊之子杀死，并做成肉汤，送到围在城外的乐羊军队阵营之中。

乐羊面不改色地将肉汤喝光。

魏王听到这个消息，感动地说："乐羊为我吃下自己儿子的肉！"

但是他身旁的大臣却以责备的口吻说道："连自己儿子的肉都敢吃的人，必定敢吃任何人的肉。"

后来，乐羊打败中山国凯旋，魏王虽然犒赏他的战功，但从此却不再重用他。

其四：

鲁国重臣孟孙打猎时捉到一只小鹿，命家臣秦西巴用车子把小鹿带回，在回去的途中，一直有一只母鹿跟在车后哀鸣。

秦西巴觉得十分可怜，就把小鹿放了。

待孟孙返回家中，知道了原由，极为生气，于是把秦西巴幽禁起来。

但是，三个月之后，孟孙不但赦免了秦西巴的罪，并且任命他担当辅佐自己儿子的任务，近侍惊讶地问："前些时候，您刚刚处罚了他，如今却又委他以重任，这是为什么？"

孟孙回答说："他连小鹿都不忍捉回，将其放掉，对待我儿子也一定会很仁慈的。”

以上的例子都是根据观察对方在待人接物时所表现出的态度，通过比较，由彼推己得出正确的结论，从而做出是否与之交往的决定。由此可以看出，待人接物看似事小，却能反映出一个人的道德品行。这既向我们提供了一个观察人的好方法，善从小事入手，观察别人的一举一动，是察言观色的基本功。同时也告诫我们，你在不经意时所做的某一件小事，也许已经被在一旁的有心人记在了心里。

3. 朋友在精不在多，不可滥交

朋友是人生中一个重要组成部分，也是人们赖以生存的手段之一。所以，大多数人都喜欢交朋友，认为“多个朋友多条路”。但是，选择朋友时还需谨慎行事，在真诚相待的同时还要留一手，不要对任何人都“掏心窝子”。

千里难寻是朋友，朋友多了路好走。朋友在人际交往中往往处于主流地位。上溯千古，下至未来，恐怕没有人可以坦然地说：“我不需要任何人帮助。”除非他甘愿平庸潦倒一生。但是朋友却不可滥交，因为如果随便把一个人都当成朋友，他可能不仅不在你落难的时候拉你一把，反而会落井下石，趁机“宰”你一刀。这样一来，多个“朋友”不是多了一条路，而是少了一条路，何苦来哉？

交朋友是一门学问，究竟怎样交朋友才是正确的呢？不妨参照以下几点：

（1）交友必须谨慎

交朋友时一定要注意，以选择志同道合者为标准。在选择朋友前，首先要明确自己需要什么样的朋友，哪种朋友会对自己的发展有帮助，哪种朋友值得你去与之交心。有些人简单地认为，那种只要你对我好，我也对你同样好；你敬我一尺，我敬你一丈；你为我赴汤蹈火，我也会为你两肋插刀的朋友就是知己。他们根本没有考虑过，这样的朋友到底适不适合自己，是不是与自己志同道合。在这些朋友中，或许有讲吃讲喝者、讲玩讲闹者，还可能存在为非作歹、流氓地痞之类的人。正所谓“近朱者赤，近墨者黑”，即使你与这些人道不同，但久而久之就有可能受他们影响，使人生大旗偏向不良的一方。

所以，对待交朋友这件事，一定要有宁缺毋滥的坚定意志，慎重地选择朋友，绝对不能让那些道德品行不端的人混入你的人脉网中，以免造成不良后果。

现实生活中，有很多犯罪分子并不是天生就要做坏人，而是把一些不良分子当做朋友，久而久之染上了恶习，不慎走上违法犯罪的道路，断送了自己的前程、理想和事业，同时也伤害了关心他的人。

某法制报曾经刊登这样一篇发人深省的报道，题目是：《一个企业家的毁灭》。

赵某是某建筑安装工程公司的经理，因为工作的原因，他结交了很多朋友。

一天，赵某和朋友一起出去消遣。吃喝玩乐之后，朋友把他带进了一家豪华宾馆，并开了个高档房间。二人闲谈时，朋友递给他一支香烟。赵某没有一点防范，接过来就抽了，没过多久，他感觉这支烟与其他香烟不同，询问之下才知道，朋友给他吸的是装有毒品的香烟。一气之下，赵某摔门而去。

但是，初次吸毒的体验让赵某染上了毒瘾，后来他再次找到那位朋友，又向他要了一些。从此以后，赵某便一发而不可收，毒瘾的折磨使他没有心思打理公司事务，贤惠的妻子也因此遭到冷落，以前辛苦积攒下来的家产大部分都被他用来购买毒品了。

起初，妻子对他还抱有一线希望，规劝他去戒毒所戒毒，赵某也痛下决心，可两次进戒毒所都无功而返。妻子对他失望至极，伤心地离他而去。

最终，赵某选择了自杀的方式，结束了自己的生命。

看了以上的故事，你是否已经认识到不慎交友的危害呢？尤其是当你走向社会以后，遇到形形色色的人是在所难免的，如果你想与他们其中某个人交朋友时，一定要擦亮眼睛，看他是否与你志同道合，是否值得你以诚相待。

（2）朋友太多没好处

朋友不在多，而在精。交太多的朋友没有益处，这是人们在交朋友中总结出来的经验。古人云："朋友遍天下，知心有几人？"说的就是朋友易得、知己难求的道理。人们需要的是知己，而不是貌合神离、心怀鬼胎、处处想算计你的朋友。

另外，每个人的精力都是有限的，如果不加选择，把所有与你有一面或数面之缘的人，统统纳入朋友的范畴并以此为荣，整日忙于应酬，将所有的时间和精力全部投入到这些不甚了解的人身上，必然会影响你正常的工作、学习和生活。

从另一个角度看待这个问题，你结交的人太多，也会影响你观察、鉴别朋友的能力，为一些居心不良者创造有利的机会，如果不加防范就可能为自己带来灾难。

生活中，确实存在着这样一种人，以结交众多朋友为荣，可以说上至达官贵族，下至三教九流，无一不当做朋友。严格地说，这并不是在创造幸福美好的人生，而是一种对自己生命、财产不负责任的表现。

真正的朋友之间不存在相互利用，彼此相互帮助是出于双方共同的志向和思想，以彼此互助来增添生活中的乐趣，他们不求回报，甘愿为对方付出。

（3）交朋友"急"不得

交朋友本身是一项非常严肃的问题，所以要求人们以谨慎的态度去对待，千万不可草率行事。如果你感觉某个人值得你与之交往，也不要轻易就下结论，因为在与对方交往的过程中，双方有可能会出现思想、兴趣、爱好、品质和行为上的差异。遇到这种情况，你必须掂量一下他到底能不能作为你人脉网中的一分子。当然，这里并不是说交朋友必须与自己的兴趣、爱好、品行完全相同，各方面都比自己强的人结交，但最起码也要是个正人君子。

俗语有云："千里难寻是朋友，朋友多了路好走。"从另一个角度来看也未必是正确的。虽然说多交些朋友不是什么坏事，但是要知道朋友在精而不在多。一味地贪多，什么样的人你都把他当做朋友，真心相待，早晚会吃"朋友"的亏，毕竟人心难测。所以，交朋友还是谨慎些好，贪多不如求精。

4. 小心突如其来的热情

君子之交淡如水，朋友间的友情好比炖汤，需要小火慢熬，不温不火。大凡有头脑的人都能够意识到这一点。所以，当你的朋友圈中，突然跳出一个对你百般热情的人，你就不得不对他加以防范。

假若某人和你只不过是普通朋友，谈不上什么交情，只是偶尔一起吃个饭；假若某人和你以前是很要好的朋友，但由于某种原因一段时间没有联络，感情似乎淡了许多……如果这样的人突然对你热情起来，很大一部分原因是有求于你，想要从你身上获得某种利益，而这种索取可能会给你自身造成伤害，甚至可能是要直接“宰”你一刀，所以不得不加以防范。

不过，遇到这类情况发生时，最好还是一分为二地看问题，目的是为了避免以小人之心度君子之腹，误解对方的好意。人是感性动物，也许对方是出于一番好意，真心诚意想问候一下你这位许久不曾联系的朋友，这时如果你用防备的口气或神态对待对方，岂不是拿别人的好心当成了驴肝肺？当然，这种情形不会太多，而你也要尽量避免这种联想，对待突然的热情，最好冷静待之，小心防备。

为了自保，当突然的热情降临到你头上时，在没有分辨清对方的真正用意前，还是不要轻举妄动。但是，怎样才能分辨这种突然升温的“友情”中是否含有“企图”呢？其实这并不是多么困难的事。

首先要审查自己目前的状况，看看自己有没有可以被他人利用的地方，例如手握重权或腰缠万贯……如果你占了一样，那么这个人很有可能对你有企图，想通过你帮他完成某项心愿，或在你这里得到一些好处，或向你借钱，甚至骗钱。如果当前你一无所有，你没有什么可以让别人惦记的，那么这种突然的热情对你本人基本上没有什么危险，不过也有可能是“项庄舞剑，意在沛公”，想把你当作跳板，利用与你有关的其他人为他做事。

通过自身的检验，认为这种突然的热情没有“危险”后，也不能太过于大意，因为这只是你的主观判断，有可能被对方一些外在的东西蒙蔽，所以还要注意以下几点：

（1）不冷不热

“不冷”是说，不要回绝对方的“好意”，即便对方的心思已经被你看穿，也不要当场回绝以免得罪人。“不热”是说，不要迫不及待地上前迎接，因为这会让你陷入两难的境地，如果对方真的不怀好意，你对他过分热情，就会很难抽出身来，而硬抽身则会得罪对方，使自己显得十分被动。

（2）静观其变

一旦这种突然的热情来临，最好的办法就是不动声色静观其变。看清对方葫芦里到底卖的是什么药，以便对症下药，避免对方给你个措手不及。一般来说，如果对方对你有所企图，在言谈举止间定会表现出来。

（3）投之以桃报之以李

对这种突然的热情，你要采取“投桃报李”的方法，别人请你吃饭，你要想方设法把人情还给他。正所谓“吃人嘴软，拿人手短”，如果你不及时补偿他的人情，被他牢牢地控制住是很有可能的，到那时再想脱身恐怕就没那么容易了。

总之，做人虽然害人之心不可有，但防人之心却不可无。对那些突然对你百般热情的朋友要有防备之心，对那些原本不是十分亲密的朋友对你献殷勤，就更要小心谨慎了。

5. 小心别被朋友“宰”一刀

交友不够谨慎，错交了朋友，这种朋友往往就是最能危害你的敌人。所以，对待朋友要两面看，尤其是有利益关系的朋友，一方面要有足够的热情与之周旋；另一方面也要留个心眼，防备着点。

俗语：“多个朋友多条路”，朋友多了，遇到困难之后帮忙的人自然也就多了。但是，这仅限于真正的朋友之间，对于那些别有用心的“朋友”，还是小心一点为妙。因为在经济社会，一切以“利益”为先，不要成为人家图“利”的羔羊。

这是一个众人争当掘金客的时代，一个个体意识代替集体意识，存在意识代替理想意识，金钱意识代替事业意识的年月，梁山泊那种大秤分金、大块吃肉、大碗喝酒的遗风能不搁浅？张医生就让“朋友”弄得惨透了。

1990年8月张医生在桂林进修，碰到一个叫毛玉凤的女人心脏病发作。救死扶伤是张医生的信条，她马上组织抢救，从而保住了毛玉凤的命。这以后，两人自然结成了朋友。

毛玉凤金丝眼镜，文质彬彬，常说要报救命之恩。没过多久，她说自己所在的深圳公司给她分了4个股份，每股2500元，三个月后可获利两万，表示可以让两股给张医生以示谢恩。此等朋友、此等友情，让张医生不由不信，立即将5000元交给毛。

1991年春节后，毛玉凤又对张医生说：“上次股红没分，是公司用股红又做一笔大生意，三个月每股可回报3万。因为是老朋友，亲戚我都没给，再让两股给你，每股3000元。”话与情都热乎乎的，张医生又把父亲多年积攒的6000元交给毛，毛说她这个朋友“爽”，不久，又把她介绍给了自己的儿子小李。

小李对张医生说：“你是我妈的朋友，我就算你的干儿子，我一定要在经济上帮你。”又说：“我和北京一个朋友在内蒙古办了个山羊养殖厂，做羊皮出口生意，年纯利几十万元，就冲你是妈妈的朋友，把一个3万元的股份给你吧，半年赚10万元。”

张医生友情难却，况且利大，便扯债拉债借了3万元交给小李。从此以后，她天天盼分红盈利还债，不料，1991年7月的一天，得到的消息是双方的生意都亏了，张医生只觉得五雷轰顶。

莫非毛某是骗子？不像，因为她的儿子小李又来了，晃一晃50元一扎的现金，拿出一张4万元的欠条，说要去买一只价值连城的古瓶，买了后再卖可值150万，还他张医生后还有多的。

人家举债设法还钱嘛，张医生再次为朋友之情所感动，便跟着小李去取那价值连城的古瓶。谁知取到手小李说有事要先走，古瓶交给她保管。张医生拿着古瓶小心翼翼地往回走，不料却被自行车撞了一下，古瓶应声粉碎。

到小李那里去时，小李正拿着菜刀要她赔偿古瓶，张医生因此投资分文未得，还给小李开了张欠债20万元的欠条。

张医生这以后病倒床上，好在病后向公安局报了案。公安局说这叫“杀熟”，是一种当前极其普遍的宰朋友手段。“杀熟？”张医生闻所未闻，她不懂朋友之道何以变得这样险恶。她本能地喃喃一声：“既如此，人干嘛还交朋友？”

如今，又兴起了一种新的“杀熟”手段，叫传销，它不知害得多少亲朋好友倾家荡产，走投无路。因此，大家一定要记住：不要相信朋友。

这意思是说，帮你租门面的朋友也许在当过手钱的房东，帮你资金的朋友也许要收你的高利贷，帮你介绍生意的朋友也许要狠狠杀你一笔回扣，帮你装电话的朋友至少要带走你一条红塔山、两瓶洋河酒……

朋友之情是个软绵绵的玩意，有弹性，有回旋之利，因此人们热衷将它做屠刀的刀把。如果你不愿意做朋友刀下的羊羔，最好在与之交往的时候加强防范。

6. 祸从口出，谨言慎行

俗话说："逢人只说三分话，未可全抛一片心。"与人交往的时候，尤其是新认识的朋友，一定要把嘴捂严，不能什么都说，否则就会让对方抓住你的短处，对你大下黑手。

在人际交往中，你若与朋友初交，就把心掏出来给对方，用心和他交往，那么很有可能会"受伤"。

小王是一家公司的业务经理，在一次聚会上，偶与另一家公司的业务员相遇，两人很投缘，话也越说越投机，大有相见恨晚之感。小王把对方当成了自己的贴心朋友，结果在耳热酒酣之后，便把自己公司将要开展的业务计划全盘说了出来。

一个月后，当小王的公司把新的业务计划投入实际运作时，却被客户告知别的公司已经在做了，并且签了合同。作为与老板共知计划机密的小王，自然被上司批评一番，并罚薪降职，永不重用了。小王没想到把对方当成朋友，对方反而害了他。

所谓逢人只说三分话，而这三分话之中还不能包含重要的，重要的话是一句都说不得的。你所说的三分话，应该是风花雪月，应该是柴米油盐，应该是天上地下，应该是山海奇观，应该是稗官野史……总而言之，应该是无关紧要的内容，虽然说得头头是道，说得兴味淋漓，说得皆大欢喜，其实是言之无物，这就是有效防止"交浅言深"的办法。

要知道，生活中有些人交朋友很失败，做事业也很失败，关键的一点就是与泛泛之交的朋友无话不谈。在朋友交往中，除非是知己好友，否则是不能无话不谈的。

俗话说“祸从口出”，为人处世一定要把好口风，什么话能说，什么话不能说，都要在脑子里多绕几个弯儿，心里有个小九九。

每个人都有自己的秘密，都有一些压在心里不愿为人知的事情。朋友之间，哪怕感情不错，也不要随便把你的事情、你的秘密说出来。你的秘密可能是私事，也可能是公事，如果你告诉你的朋友，这些秘密就不再是秘密了。

如果你是职场中人，你将你的秘密告诉你的同事，如果他是一个别有用心的人，虽然不会在外面传播你的秘密，但在关键时刻，他会把它作为武器回击你，使你在竞争中失败。个人秘密大多是一些不甚体面、不甚光彩甚至是有很大污点的事情，这个把柄若让人抓住，你的竞争力就会大大削弱了。

俗话说：“没有永远的敌人，也没有永远的朋友。”任何朋友，都可能会因为各种原因而中断友谊或分道扬镳，甚至造成反目成仇的局面。由于昔日彼此不相防备，各自的内情外事也都知根知底，所以一旦关系破裂，翻起老账、揭对方的短处，便会使双方格外痛心、切齿难忘。所以，即便是老朋友，不能讲的话一句也不要讲，更不要说刚结识的新朋友。

知人知面不知心，对待任何人都一样，一定要守住心中的秘密，不要使自己将来陷入被动，这是为人处世的一个必须的策略，不是什么勾心斗角，也不是什么阴险狡诈。明白这个道理，任何人都不能轻而易举地伤害你了。

7. 朋友之间也要有秘密

人最容易在自己最亲密的朋友身上吃亏，因为这些人对你非常了解，知道什么地方是你的软肋，所以刀子捅进去往往要比其他人更深更痛。所以，朋友之间也应保持一定的距离，也应保留一点秘密，否则等到被伤害的时候再后悔就晚了。

正如安全的地方，人的思想总是松弛一样，在与好友交往时，你可能只注意到了你们亲密的关系在不断成长，每天在一起无话不谈。对外人你可以骄傲地说："我们之间没有秘密可言。"但这一切往往会对你造成伤害，因为你忽略了人与人之间的距离。

上大学后，波尔美违背了父母的意愿，放弃了医学专业，专心于创作。值得庆幸的是，一个偶然的机会，她遇到了当时非常知名的专栏作家郝嘉。她们俩成了知心朋友，无所不谈，在郝嘉的悉心指教下，波尔美很快便寄给了父母一张刊登自己文章的报纸。一个人在遇到挫折时受到的帮助是很难忘的，更何况是朋友，波尔美与郝嘉几乎合二为一了，一同参加鸡尾酒会，一同去图书馆查阅资料。波尔美把郝嘉介绍给所有她认识的人。

但这时郝嘉面临着不为人知的困难，她已经拿不出与其名声相当的作品了，创作的源泉几乎枯竭了。

当波尔美把她最新的创作计划毫无保留地讲给郝嘉听时，郝嘉心里闪过了一丝光亮。她端着酒杯仔细听完，不住地点头，罪恶的想法就这样产生了，而单纯的波尔美还在为自己奇妙的构思兴奋不已。

不久，波尔美在报纸上看到了她构思的作品，文笔清新优美，署名是“郝嘉”。波尔美谈到她当时的心情时说：“我痛苦极了，其实，如果她当时给我打一个电话，解释一下，我是能够原谅她的，但我面对报纸整整等了三天，也没有任何音讯。”

半年之后，波尔美在图书馆遇到了郝嘉，她们互相询问了对方的生活，以免造成尴尬，然后，很有礼貌地握手告别。自那件事以后，波尔美完全停止了创作。

好友之间亲密要有度，切不可自恃关系密切而无所顾忌，正所谓“见面只说三分话，未可全抛一片心”。亲密过度，就可能发生质变，好比站得越高跌得越重，亲密的关系一旦破裂，裂缝就会越来越大，好友势必会变成冤家仇敌。

也许有一天，你兴冲冲地闯进了朋友的家里，一见面甩着自己头发上的雨珠，一面高声喊叫，而你的朋友却在慌慌张张地藏着什么东西。此时，请你不要追问，因为这是他独有的秘密，你更不要因此而认为他在有意疏远你，不相信你。

心中藏着属于自己秘密的人会认为，这是他们的权利，朋友没有必要占有它。同样，给朋友留下私人空间的人才是真正聪明而“现实”的人，也才能从友谊中获得幸福。

要知道，朋友要保守秘密并不是对你的不信任，而是对自己负责。你同样也需要保守自己的秘密，这一切并不证明你和好友之间的疏远；相反，明智的人会认为，这样彼此的友谊会更加可靠。斤斤计较，你一定会失去好友。同样，在朋友觉得难为情或不愿公开某些私人秘密时，你也不应强行追问，更不能私自以你们的关系好而去偷听偷看或悄悄地打听朋友的秘密，因为保守秘密是他的权利。一般来讲，凡属朋友的一些敏感性、刺激性大的事情，其公开的权利应留给朋友自己，擅自偷听或公开朋友的秘密，是交友之大忌。

完美的友谊是每个人都渴望的，所谓“人生在世，得一知己足矣”，拥有真正友谊的人生是幸福的人生。但是真正的友谊难求，“现实”的人不是去苛求友谊，而是懂得去小心营造适合友谊生长的氛围。对朋友保持真诚的同时，不必全抛一片心，这样既获得了友谊，又防备了被朋友中的小人算计。

8. 不要忽略与陌生人之间的距离

人与人之间是有距离的，而且是一种天然的距离。朋友之间尚且如此，何况是陌生人。面对一个陌生人，如果这种距离遭到破坏，那么你的幸福就可能遭到破坏。

据报载，一位待业女青年到南方某地走亲戚，与一位很有气质的中年男士坐在一起。那位男子十分热情和蔼，言称自己是广东某中外合资企业的中方经理，到内地招工，并拿出名片给她看。姑娘眼下正为待业而着急，当即表示愿意前往报考。中年男子允诺举荐她当秘书。听罢此言，姑娘感激不尽，遂跟他下车，住进一家旅店。然而就在这天夜里，姑娘身上所带的钱物被洗劫一空。原来，那位自称经理的人是个流氓诈骗犯。

社会上有很多骗子，而且他们都是“心理专家”，可以说很会“做人”，他们十分注意研究人们的心理，并善于利用其心理弱点，如爱慕虚荣、急功近利、贪图享乐等，采取投其所好的伎俩，把自己伪装成事业的强者、职位上的优者、经济上的阔者，以唬人的名片、风雅的谈吐、诱人的允诺，借以构成心理上的“障眼法”，巧妙地解除人们的心理防卫体系，为其行骗成功扫清道路。受骗者大都是没有“心计”的，他们往往因为思想太单纯，而忽略了与陌生人之间的距离。殊不知，这段距离是忽略不得的，忽略了它也就等于给别人制造了一个伤害自己的机会。

俗话说，“害人之心不可有，防人之心不可无”。在社会上还存在着不法之徒的情况下，“防人之心”是必不可少的，与陌生人交往的时候，要退开一步。特别是涉世未深的女性更应保持警觉，完善自己的积极心理防卫机制。如何与陌生人保持距离，具体说来起码应注意以下几点：

（1）不要以外表来判断人

在同陌生人打交道时，人们很自然比较重视外表，对风度潇洒、仪表堂堂的人易于产生好感。骗子们大都善于利用人们这种贪慕虚荣、追求美貌的心理而精心用华美庄重的服饰包装自己，借以蒙蔽他人，诱使你上当。因此，在同陌生人打交道时，要提高警惕，绝不要被其外表所蒙骗。

（2）不要被莫名的殷勤打动

殷勤的言行易于使人感动，因为人心都是肉长的。骗子们自然也懂得这一点。他们善献殷勤、套近乎，以图骗取信任和好感，使你把他们当成自己人，最终落入其圈套。特别是当人们处于困境或苦闷孤独时，最希望得到同情、关怀和帮助，此时也正是骗子们得手之时。所以，在这时尤其要提高警觉，面对莫名的殷勤不妨多长一个心眼，对其保持一定距离。

（3）不要为轻率的许诺所诱惑

人们很容易对他人的承诺表示感激，产生信赖感。这时，也是防卫心理失效的当口。因此，对于自己并不了解的人的承诺，要有所警惕。一般情况下，萍水相逢之人张口就承诺往往是靠不住的，轻信就会上当。

当然，加强积极防卫心理，并不是要人们把自己封闭起来拒绝与人交往，也不能风声鹤唳、草木皆兵，闹到“谈虎色变”、谨小慎微的地步。只要你在与陌生人打交道时，头脑中装上防骗这根弦，做到热情而不失控，真诚而不轻信，保持一定的距离，那么形形色色的骗局在你面前都将无法得逞。

第四章　篱笆三个桩，好汉三个帮——人生需要贵人扶

随着社会化生产的发展，人类的集体意识不断增加，单打独斗已经不可能闯出一片多大的天地了。纵观当今世界，任何一个大企业、一项大发明都不是某个人而是一帮人弄出来的。所以，要想在这个现实的世界里有所作为，求人帮忙是免不了的，这也没什么不好意思的。正所谓“一个篱笆三个桩，一个好汉三个帮”，这些帮你的人可能是你的领导，慧眼识英才，提携你一把；也可能是你的朋友，哥们儿仗义，有困难搭把手；更可能是你的同事，工作上给你一些指点……无论是谁，只要能在你成功的道路上拉你一把，就是你的贵人，就要格外留心，不要让他跑掉。这 不是势利，而是做人做事的经验与手段，因为放走了贵人，也就等于放走了机会。

1. 寻找你生命中的贵人

人们一直相信“爱拼才会赢”，但偏偏有些人拼了也不见得赢，究其原因，大多在于缺少贵人相助。在攀登事业高峰的过程中，贵人相助往往是不可缺少的一环，有了贵人，不仅能替你加分，还能加大你成功的筹码。

假如你离乡背井，初到一个陌生的地方谋生，不知何处才是落脚之地，而就在你感到茫然无助的时候，遇到一位好心人替你指点迷津，解决了你的难题，那么这个人就是你命中的“贵人”。一个人，除非你的运气特别不好，否则，在你的一生中，总会碰到几个贵人。当然，你也不会总是那么好运气，每当遇到困境的时候都会有贵人主动帮你，对于贵人，你应该主动去寻找。

“贵人”可能是某位身居高位的人，也可能是令你心仪已久或欲模仿的对象，无论在经验、专长、知识、技能等各方面都比你略胜一筹。因此，他们也许是师傅，也许是教练，但无论是谁，只要对你的发展有帮助，都是你的贵人。

有贵人相助，的确对事业有益。有一份调查表明，凡是做到中、高级以上的主管，有90%都受过贵人栽培；至于做到总经理的，有80%遇过贵人；自己创业当老板的，竟然100%全部都曾被人提携过。

所以，不论在何种行业，“老马带路”向来都是传统。目的不外乎是想栽培后进，储备接棒人才。这些例子在运动界、艺术表演界、政治界颇多。尤其是政治圈，最讲究人脉、关系，各路人马结党结派毫不鲜见。谁是受谁提拔的，谁和谁相互帮忙，谁跟谁彼此利益输送。若论起每个人的背景来头，几乎都有稳当有力的靠山撑腰，好像少了这层保护罩，就很难在复杂的政治圈里抛头露面。

虽说一个人，没有贵人比较难成气候，但若要被贵人“相中”，首要条件还是在于被保送上台的人究竟有没有两下子。俗话说，师父领进门，修行在个人。如果你一无所长，却侥幸得到一个不错的位置，保证后面一堆人等着想看你的笑话。毕竟，千里马的表现好坏与否，直接体现出伯乐的眼力。找到一个扶不起的人，对推荐者的能力，也是一大讽刺。

当然，除了真正是基于爱才、惜才之外，一般而言，贵人出手，多少都带有一些私心，目的在于培养班底，巩固势力。懂得贵人这种心态，你寻找贵人扶助就不会那么盲目，弄得四处碰壁了。至于你日后羽翼丰盈，是否真的还对其卖命，主动权自然决定在你手中。

不过，良好的“伯乐与千里马”关系，最好是建立在彼此各取所需、各得其利的基础上。这绝不是鼓励惟利是图，而是强调彼此以诚相待的态度，既然你有恩于我，他日我必投桃报李。

寻找“贵人”必须谨记以下几条：

第一，选一个你真正景仰的人，而不是你嫉妒的人。绝不要因为别人的权势，而琵琶犹抱，另搭顺风车。

第二，摸清贵人提拔你的动机。有些人专门喜欢找弟子为他做牛做马，用来彰显自己的身份。

第三，要知恩图报，饮水思源。有些人在受人提拔、功成名就之后，往往就想双手遮掩过去的踪迹，口口声声说“一切都是靠我自己”，一脚踢开照顾过他的人。如果你不想被别人指着鼻子大骂“忘恩负义”，就千万别做这种傻事！

总之，有了“贵人”的提携，加之个人的能力与努力，你一定比别人先登成功之梯。

然而，生活中许多人天生就是一副硬骨头，不愿接受任何人帮忙，这是不现实的表现。现如今已经是现实社会，有了贵人帮一把毕竟可少走些弯路，如果你还坚持自力更生，那么不能说你不会取得成功，至少要比有贵人帮忙的人晚一些。

2. 同乡互助共发展

俗话说：“老乡见老乡，两眼泪汪汪。”对于一个漂泊在外的人来说，乡情是很浓的，离家越远越久，思乡之情就越浓。所以，身在外地，要寻找一个贵人扶助，老乡是最合适的人选了。

中国人的老乡情结是很特殊的，它是一种极其重要的人际关系。既然是同乡，当涉及某种实际利益的时候，“肥水不流外人田”，只能让“圈子”内人“近水楼台先得月”。也就是说，必须按照“资源共享”的原则，给予适当的“照顾”。

如此看来，如何搞好老乡关系是非常重要的，不仅可以多几个朋友，最重要的是可以获得许多有用的东西，也许一辈子都会受益无穷。

讲老乡，就必须讲地域，老乡的判断标准就是从地域来分的，一个村、一个乡、一个镇，大到一个县、一个市、一个省，都可以称之为“老乡”。就是到了外国，碰到同一国籍的人，也可以称为“老乡”。也就是说，老乡之所以是老乡，必然有共同的特点存在于双方之间，而其中很重要的一点就是“乡音”。

中国的语言丰富多彩，历史悠久，由于受到不同地域文化及民风的影响，到今天来说，中国大致可分为八大方言区。虽然八个方言区都是源自汉语，但在表达方式上，会有很大的不同。尤其是在发音上，同一个词语或句子从不同方言区的人嘴里说出来，会有许多不同之处，其差别有时可以说是天壤之别，令你感到有些匪夷所思，你也会感叹中华语言的魅力所在。正是有了这些方言，才会使中华语言多姿多彩；也正是有了这些方言，对于后人研究先人的地域文化及历史有着非常重要的作用。

唐代诗人贺知章有诗云：“少小离家老大回，乡音无改鬓毛衰。”小的时候离开家，到老了乡音还是没有改变，可见乡音在中国人心中的地位。从文化角度来讲，“乡音”就是一个人的根，一种智慧的源泉。

说了这么多，其实就是为了一点，乡音是很特殊但又普通的一种声音，而它在处理老乡关系上却起着异常重要的作用。清朝末代的大太监李莲英的发迹，可以说正是运用了此种技巧。

在封建社会，很多贫苦人家的子弟，为生活所迫，只好到宫里当太监，过着屈辱的生活。但李莲英却是与众不同，他进宫当太监是为了追求荣华富贵，出人头地，毕竟，在过去的历史中，太监专权、富可敌国的例子不在少数。但是在当时，有这种目的的并不只有李莲英一个人，若没有一点关系还真进不去。

李莲英出身贫寒，个子又瘦小，若以当时清朝宫廷太监的标准来衡量，他是根本不够资格的。可一次偶然的机会，李莲英听说在宫中有一个太监是他老乡，并且是同一个村的。于是，李莲英决定去找找这个老乡。

李莲英当时很穷，没有钱买东西去送礼。他知道这位老乡很重乡情，但怎样做才能引起老乡的注意，却一直在困扰着他。

终于，他想出了一个办法，一天他瞅准了正是这位老乡出来当值时才去报名，然后用一口地道的家乡话说出了自己的姓名与籍贯。李莲英的这位老乡听了这声音，身体不由抖了一下，遂抬头看了看眼前的这位小老乡，心里暗暗记了下来。

后来，在这位老乡的帮助下，李莲英做了慈禧太后梳头屋里的太监，以梳得一头好发型深得慈禧的宠爱，最后成了慈禧太后面前的大红人。

用家乡话做见面礼，可以说是独树一帜的，它不需要物质上的东西。在这里，有一点是相当重要的，那就是运用这种方法的场合，最好是在异乡，因为在异乡才会有恋乡情绪，才会“爱乡及人”，这时再来个“他乡遇老乡”，哪有不欣喜之理。一个人离乡愈久，离乡愈远，心中的那份乡情就愈深沉、愈浓烈，因此，越是这种情况，越要运用“乡音”这种技巧，你就会得到老乡所给你的种种好处。

另外，还有一种场合一定要注意，那就是在一定的公共场合和交际场合上。在这些场合中，一般是较为正式的，都有正式的社交礼仪与社交技巧，这时就尽量少用“乡音”去找老乡，否则很可能会弄巧成拙。因为正式场合中满口方言，不是你老乡的会诧异地看着你，从心底产生一种不自主的排斥感；而就是你的老乡，也会在心里认为你缺乏教养、举止不文明或“丢面子”，更别说老乡在这个时候附和你，从心里感到欣喜异常了。

总之，在老乡关系中，“乡音”会引起对方的思乡之情、恋乡之绪，各地的方言是各地的语言特色，只要你一张口，从你的口音与言语上就能分辨出你是哪个“乡”的。因此，恰当运用“乡音”这个技巧，对你会大有裨益。

3. 借朋友之力成就自己

说到贵人，说到找人帮忙，我们自然就会想到朋友。不要觉得朋友之间不应该有利益关系，要知道，在一个“现实”人眼里，结交朋友很大程度上就是相互利用、彼此扶助的，只有这样，才能让自己的人生路途走得更顺。

俗话说：孤掌难鸣，独木不成桥。就算我们浑身都是钢，也打不了几个铆钉。一个涉入社会的人，必须寻求他人的帮助，借他人之力，方便自己。一个没有多少能耐的人必须这样，一个有能耐的人也必须这样。不过，“他人”只是一个泛泛的概念，有些不着边际，而且这些“他人”大多数是你的陌路人、不太熟悉的人、关系很一般的人，他们一般都不能实际地帮助你，具体地帮助你。

“他人”中只有一种人能够实际地帮助你，具体地帮助你，那就是——朋友。这些贴近你的亲朋好友，总是能够给你各种各样的帮助。当你遇到危难时，他们帮你排忧解难，帮你渡过危急关头；当你吉星高照时，也是他们为你抬轿唱喏。总之，朋友是一个特定的圈子，圈子虽小，作用却难以估测。

可以说，朋友之间是一种“利用”的关系。利用不是一个丑恶的东西，而是各取所需。一个人，无论是在工作、事业、爱情和休闲哪方面，都离不开这种朋友之间的相互利用。因为各人的能力有局限，以及人际关系所不同，而必须相互利用。

借朋友之力，正是一个人高明的地方。在自然界，也是这样，动物们相互利用，以有利于捕猎、取暖和生殖。兽王更是利用了彼此之间的相互关系，以及在这种关系基础上建立起来的秩序和习惯，以享受最大的优越。一般来讲要单的动物，被淘汰者居多，无论其多么凶猛强悍，如老虎、狮子、豹，等等。相反，群居动物则容易繁衍和生存，如蚂蚁、蜜蜂、家鸡等。

同样的道理，一个人在社会中，如果没有朋友，没有他人的帮助，他的境况会十分糟糕。普通人如此，一个成就大事业的人更是如此。如果失去了他人的帮助，和不能利用他人之力，任何事业都无从谈起。

借朋友之力，利用他人为自己服务，以让自己能够高居人上，这是一个人很高明的地方。黄巾乱世之中，刘关张不期而遇，桃园结义，成就了千古美名，也奠定了西蜀王朝的根基。以后三分天下，西蜀称帝。刘备始为皇帝，关羽、张飞也成了开国元勋、西蜀重臣。回头看看，刘关张结义之时，三人均是下层草民。刘备虽是汉室皇亲，却落得流浪街市，贩席为生。张飞只是一个屠夫，粗人。关羽杀人在逃，无处立身。三人结义后，彼此借重，相得益彰。

董卓之乱时，刘关张大战吕布，却只打成平手，可见吕布是何等英雄。但是，吕布匹夫无助，枉自豪勇，最终被曹操所杀。而刘关张却在三国中彼此相仗，日益得势，最终立国树勋。这是借朋友之力的一个典型例子。汉高祖刘邦，也是一个善借朋友、他人之力者。刘邦出身低微，学无所长。文不能著书立说，武不能挥刀舞枪，但刘邦天生豪爽，善用他人，胆识无双。早年穷困莫名时，他身无分文，却敢独坐上宾。押送囚徒时，居然敢私违王法，纵囚逃散。以后斩白蛇起义，云集四方豪杰，无论哪种背景的人，最后都为他所有。如韩信、彭越、英布，这些威镇天下的英雄，原本都是他的死敌项羽手下的人。至于刘邦身边的谋臣武将，如萧何、曹参、樊哙、张良等，都是他早期小圈子里的人。他们在刘邦与项羽楚汉争战中，劳苦功高，最终帮助刘邦建立了西汉王朝。也可以说，刘邦是利用那帮朋友成就了自己的帝王之业。

不仅帝王将相需要借他人之力，就是平民百姓也离不开三朋四友的。这样，平时有个三长两短，紧急偶然，也有几个说话的、帮衬的，遇事方能应付。俗话说：一个好汉三个帮，一个篱笆三个桩。好汉要成大事，离不开帮手；篱笆要站稳，离不开木桩。这都是在讲利用他人之长，借用朋友之力。

总之，朋友应该相得益彰，彼此借重，不要成为闲散朋友，聊以打发时光。更不要狐朋狗友，沆瀣一气，相互为恶，害人害己，这样就失去用人之长、彼此互益的初衷了。

但是，朋友之间，互为己用，也不是说说就能做到的。人与人之间的关系，多有微妙之处，不细心地维护，断无收获可言。这就要多从对方的利益、性情和人际关系等方面出发，将心比心，善结人缘。

不要忘记，朋友也是人，跟你一样，也有自己的私心和打算，你要小心待之，弄不好，反目成仇，那就麻烦了。要知道，这些来自你身边的敌害，更容易拆你的台，也更为致命。因此，对朋友关系，更要慎重和多有心思。因为你很可能“成也萧何，败也萧何”。

中国有个寓言：狐假虎威。狐狸把老虎带到森林里转了一圈，把大大小小的野兽都吓跑了。不知道狐狸和老虎算不算朋友？但是狐狸把老虎的威风却实在地借用了。你会借用朋友之力吗？你会借助他人的优势吗？尤其当你能力有限时，你知道巧借身旁之物吗？问问你自己。如果不会，就要赶快学，因为“独木难成林”，一个生活在现实社会中的人，要想成就自己，不借助他人是不行的。

4. 得到贵人帮助也要“投资”

俗话说，种瓜得瓜，种豆得豆。在这个现实的社会中，有付出才有收获，对于贵人也是这个道理，你不可能一味的索取，只有在“投资”感情之后，你才能理所当然地收获你应得的“回报”，并且多投资就多收获。

生活中，任何人都不能离开朋友而独自生存。多个朋友多条路，多个敌人多堵墙。当你身处危难境地时，帮助你的往往是你的朋友。反过来，当朋友遇到困难时，你伸出援助之手，无疑是在进行友情投资，必然会得到相应的回报。

莫桑的父亲过世时，给他留下了一家食品店，这家食品店凭着良好的信誉，在当地早已打出了名声。莫桑接手食品店后，满怀抱负想将它发扬光大。一天晚上，莫桑的食品店已经打烊，他和妻子刚要回家休息。正当关店门时，一个面黄肌瘦、衣衫褴褛、双眼深陷的年轻人出现在他的面前。很明显，这个年轻人已经很久没有吃过东西了。

莫桑是个心地善良、乐于助人的人。他客气的对那个年轻人说道：“小伙子，我能帮你什么忙吗？”

年轻人虚弱地说：“这里有吃的东西吗？”他说话的声音虽然很虚弱，但莫桑还是清楚了他的意思。

年轻人害羞地低着头，小声说：“我来自墨西哥，到这里来是为了找工作，可是整整两个月了，却没有找到一份适合我的工作。我父亲年轻时也来过美国，他告诉我你们店的信誉非常好，他曾经在这里买过一顶帽子，瞧，就是这顶。”

虽然那顶帽子的标记早已经被污渍弄得有些模糊，不过仔细辨认还是可以看清的。年轻人继续说：“我好几天没吃过东西了，也没有钱回家。你能不能……”

莫桑知道眼前站着的这个人，只不过是多年前一个顾客的儿子，但是，出于一片好心，他决定帮助这个小伙子。他让妻子把年轻人请进店内，并给他做了一顿丰盛的晚餐，然后又给了他回家的路费。

十几年过去了，莫桑的生意做得越来越好，美国许多地方都有他的分店，他决定将生意做到海外去。可是问题在于，他在海外没有根基，要想发展必须从头做起，而这并不是一件容易的事，为此莫桑一直拿不定主意。

正在这时，莫桑收到一封来自墨西哥的信，原来给他写信的正是多年前他曾帮过的那个流浪的年轻人。此人通过自己的努力，已经成了墨西哥一家大公司的总经理，他在信中表明，要感谢莫桑的帮助，并想与他共创事业。这个消息的到来，无疑给莫桑带来了喜讯，他很快给那位年轻人回了一封信，表示愿意与他合作。不久，莫桑在年轻人的帮助下，很快在墨西哥建立了分店。

有人认为，交朋友不是一件很容易的事，活了大半生也没有交到一个真正的朋友。造成这种情况的原因在于，交朋友的人没有付出真心，没有进行感情“投资”。热心地帮助他人，就相当于施恩于别人，当日后需要他时，自然会助你一臂之力。当然，如果你接受了朋友的帮助，就不要忘记朋友的恩泽，否则就有可能失去朋友，失去朋友的帮助。

杰克很小的时候，因为家境贫寒，不得不结束自己的学习生涯，四处流浪，那时他刚刚14岁。转眼间两年过去了，杰克依然过着贫苦的日子，他和姐夫一起加入到阿拉斯加淘金者的队伍中。在队伍里，他结识了许多朋友，而在这些朋友当中，三教九流什么人都有，但大多数都是美国穷苦的劳动人民。不过，尽管大家的生活非常艰苦，可是，他们并没有因生活上的艰苦而丧失生存的信念。

在众多朋友中，杰克与一位叫坎里南的人甚是投缘。坎里南来自芝加哥，在他多年的人生经历中，曾经受过许多苦难和折磨，他辛酸的历史简直可以写成一部厚厚的小说。每当坎里南为杰克讲述自己的痛苦经历时，杰克总被感动得潸然泪下。写作的想法在杰克心底油然而生，他想以淘金生活为题材写一部书。

在坎里南的帮助下，杰克的处女作终于在1899年问世了，当时他只有23岁。随后，一部部精彩的作品相继出版。因为他的作品都是以淘金工人的贫苦生活为题材，所以受到了广大中下层人士的喜爱，杰克也因此走上了成功的道路，生活不再贫穷。

生活富裕以后，杰克并没有忘记那些与他同甘苦共患难的朋友，因为他知道吃水不忘挖井人，所以，他经常去看望那些穷朋友们，与他们一起喝酒、聊天。可是后来，杰克随着名声的扩大，金钱越来越多，地位越来越显赫，他开始过起豪华奢侈的生活，而且是毫无节制地大肆挥霍。他的那些穷朋友，早被他遗忘了。

一次，他的好朋友坎里南前来探望他，可是杰克只是忙于应酬，忽略了坎里南，一个星期内只与坎里南见了一面。坎里南对杰克非常失望，伤心地离开了。从此，他的那些穷朋友们再也没有出现在他的生活当中。然而，杰克再也写不出好的作品了，因为他离开了朋友，离开了写作的源泉。

1916年11月22日，处于精神和金钱危机中的杰克，选择了以死来了结生命，悲惨的命运从此画上了句号。

感情需要投资，朋友的帮忙需要回报，杰克就因为忽视了这一点，才落得悲惨的下场。

5. 人情投资要购买“原始股”

购买“原始股”对于生意人来说，无论怎样都是一笔极佳的投资，有价值的“原始股”是奇货可居，可遇而不可求的。在现实生活中，你若遇到了这样的“原始股”，那么你就好比踏上了一班“永不沉没的航空母舰”，就可以“乘风破浪在今朝，直挂云帆济沧海”了。

“原始股”的意义在于拥有极大的升值空间，只要少量的投资就可以获得极大的回报。据统计，微软的原始股在不到二十年的时间里便升值了好几百倍，成为不折不扣的“一股千金”。所以，如果你有机会抓住这样一支“原始股”，千万不要错过，因为它可能会改变你一生的命运。

在生活中，“现实”的人会把投资注入日后有大出息的人的身上，虽然说未必每押必中，但只要是中了一次，势必会带来超过数倍的投资回报。清代“红顶商人”胡雪岩，就曾经把宝押在王有龄这个日后的“原始股”身上，从而为自己打开了一扇通往财富世界的大门。

当然，购买“原始股”也要有眼光，并不是每个“原始股”都会升值的。但当你面对一只“原始股”时，即使不能决断，少押一点，也不能放弃。“一代枭雄”袁世凯，曾经就是一只“原始股”，对于这只“原始股”，有的人押住了，发了大财；有的人错过了，什么也没有得到。

袁世凯年少时喜欢多事，又好出风头，虽然他自己的文章并不好，却联合了一些读书人，组织了一个文社。这个文社所需要的一些房屋和费用，都由他一个人负责。由于这个缘故，大家便公推他为文社的负责人了。

袁世凯先后筹办过两个文社，一名丽泽山房，一名勿欺山房。由于袁世凯出资捐款，在当地也引来了不少文人雅士。

有一天，袁世凯正在仰山堂读书，一个秀才前来拜访。袁世凯延纳入室，两厢坐定，两人一见如故，话语投机，遂结拜为兄弟。此人就是后来曾任民国大总统的徐世昌。

徐世昌比袁世凯大4岁，当时正在陈州授馆课童，由于家道败落，已是穷困潦倒。袁世凯知道徐世昌一文不名，无北上应试的盘缠，便慷慨解囊。结果，徐世昌这次赴京赶考，果然榜上有名。

受人滴水之恩，当以涌泉相报。徐世昌1882年中举人，1886年中进士，授翰林院编修。从此以后，袁世凯宦海生涯三十年，徐世昌是其最知心的谋臣。

1879年秋，袁世凯第二次参加乡试，但再次落第。这对于野心勃勃的袁世凯来讲不能不说是个沉重的打击。袁世凯盛怒之下，烧毁了所有的诗文。

因科举无望，袁世凯决定到京城捐个官，所以他不得不为筹措金钱而费尽周折。开始，袁世凯曾向内弟——于氏夫人的弟弟借钱。没想到这位小舅子不但不给，反而挖苦说："你还是在家呆着好些，就你那德性，莫说上北京，就是上天京，也是老和尚上供——白扔面。"一句话把袁世凯弄得难堪极了。但是，这却从反面给袁世凯一个教训，不蒸馒头蒸（争）口气，他一定要出人头地！

后来袁世凯打定主意南下广东潮洲，因为袁世凯的父交周馥在潮州任潮州府知事兼办潮关。周馥，曾任李鸿章文牍，很为李鸿章器重。袁世凯在周馥手下干了一段时间，周馥帮他捐了一个正五品的官，同时给李鸿章写信，把袁世凯推荐给他。终于，袁世凯发迹了。

后来，袁世凯官至直隶总督时，他的那位小舅子从乡下跑到天津，找到袁世凯，希望能借姻亲谋个一官半职。袁世凯倒是“来而不往非礼也”，回话说：“外面无事可做，还是在家里呆着好些。”后来，袁世凯做了大总统，这位小舅子又从乡下追到北京，袁世凯只见了他一面，支了一些路费，就再也没有下文了。

一个人没落失势时，原来交往密切的人都离他而去，如果你这时伸出援助之手，与之交往，他就会心存感激，铭记一辈子，这就好比买了“原始股”一样，日后必有超出想像的回报。

世事沧桑，复杂多变，起起伏伏，实难预料。昨天的权贵，今天可能成为平民；巨富大款，一夜之间也可能一贫如洗。从人生的角度来看，人们不可能一帆风顺，挫折、背运是难免的。当人们落难的时候，正是对周围的人们，特别是对朋友的考验。远离而去的人可能从此成为路人，同情、帮助其渡过难关的人，他可能铭记一辈子。所谓莫逆之交、患难朋友，往往就是在困难时期产生的，这时形成的友谊是最有价值、最令人珍视的。

从某种意义上说，对待落魄、失势者的态度不仅是对一个人交际品质的考验，而且也是建立良好人脉的契机。如果你认定某个不得势的人将来必定是个成功人物，只是暂时的不得势，将来会大有作为，那你就该多多交往。

购买有价值的“原始股”，好比在为自己的事业增加成功系数和保险系数，每获得一次机会，便如同为自己增添了一艘渡过劫波的大船，当许许多多的大船联在一起时，你就再也不用担心大风大浪对你的冲击了，即使翻了一些，你也有足够的机会到达成功的彼岸，而那种驾着一叶轻舟在激流之中勇进的人，虽然精神可嘉，但一个大浪打来便有可能船毁人亡，这种潇洒和勇气其实是不值得效法的，“智中取胜”方为多彩人生的根本保障。

6. 冷庙多烧香，用时有人帮

寻找贵人帮扶，有时候并不一定是找那些有钱有权的人，因为这些人求他的人多了，对你的求助往往不在意。倒是那些暂时看来不起眼、没有什么地位的人，日后也许正是你成功的铺路人，所以“现实”的人有眼光，懂得该向哪座冷庙多烧香。

俗话说：“平时不烧香，临时抱佛脚。”那样菩萨再灵，也不会帮助你。因为你平常心中就没有菩萨，有事才来恳求，菩萨怎会当你的工具呢？所以我们求菩萨，自应在平时烧香。而平时烧香，也表明自己别无希求，完全出于敬意，而绝不是买卖。惟有如此，一旦有事，你去求它，它念在平时你的烧香热忱，也不致拒绝。

另外，如果要烧香，就找些平常没人去的冷庙，不要只挑香火繁盛的热庙。因为在热庙烧香人太多，菩萨的注意力分散，你去烧香，也不过是众香客之一，显不出你的诚意，它对你也不会有特别的好感。所以一旦有事求它，它对你只以众人相待，不会特别照顾。

但是，冷庙的菩萨就不一样了，平时冷庙门庭冷落，无人礼敬，你却很虔诚地去烧香，菩萨对你当然特别在意。同样的烧一柱香，冷庙的菩萨却认为这是天大的人情，日后有事去求它，它自然特别照应。如果有一天风水转变，冷庙变成了热庙，菩萨对你还是会特别看待，不把你当成趋炎附势之辈。

其实，一个人是否能发达，要靠勤奋、天才和机遇，所以有些人看着眼下没什么不起眼，但说不准将来会飞黄腾达，这种人在“现实”的人眼里就是“冷庙”，他们知道平时在“冷庙”里多上上香。

你的朋友当中，有没有怀才不遇的人，如果有，这个朋友就是冷庙。你应该与热庙一样看待，时常去烧烧香，逢到佳节，适当送些礼物。既然环境不佳，为求实惠，有时甚至可以送些钱，请他自己买些实用的东西。又因为他是穷人，当然不会履行礼尚往来的习惯，一定是只有你往，他是不会来的。并非他不知道还礼，而是无力还礼。不过他虽不曾还礼，但心中却绝对不会忘记你，也不会忘记未还的礼，这是他欠你的人情债，人情债越欠越多，他想还债的心情就越切。所以日后他若否极泰来，第一要还的人情债当然是你。

有的人能力虽然很平庸，然而因一时时运通达，也会成为不可一世的人物。人在得意的时候，一切就看得很平常，很容易，这是因为自负的缘故。如果你的境遇地位与他相差不多，交往当然无所得失。但如果你的境遇地位不及他，往来多了，反而会有趋炎附势的错觉。并且即使是极力结纳，多方效劳，在对方看来也很平常，彼此感情不会有多少增进。只有在对方转入逆境，以前友好，现在则不相识；以前车水马龙，今则门可罗雀；以前一言九鼎，今则哀告不灵；以前无往不利，今则处处不顺时，他的繁华梦醒了，对人的认识也比较清楚了，你悉心结纳，才可能给他留下深刻的印象。

如果你认为对方是个英雄，就该乘时结纳，多多交往。或者乘机进以忠告，指示其失败的原因，勉励其改过迁善。如果自己有能力，更应给予适合的协助，甚至施予物质上的救济。对于物质上的救济，不要等他开口，要随时采取主动。有时对方很急着用，又不肯对你明言，你如得实情，更应尽力帮忙，并且不能有丝毫得意的样子，一面使他感觉受之有愧，一面又使他有知己之感。寸金之遇，一饭之恩，可以使他终生铭记。日后如有所需，他必奋身图报。即使你无所需，他若是蛟龙，必终非池中物，一朝翻身，也绝不会忘了你这个知己。

俗话说：“在家靠父母，出外靠朋友。”每个人生活在社会上，都要靠朋友的帮助。但平时礼尚往来，相见甚欢，乃至婚丧喜庆、应酬饮宴，几乎所有的朋友都是相同。而一朝势弱，门可罗雀，能不落井下石、乘机渔夺就不错了，还敢期望雪中送炭、仗义相助吗?

人情冷暖，世态炎凉。趁自己有能力时，多结纳些潦倒英雄，使之能为己用，这样发展才会无穷。要知道，一个人可以有多种投资，为事业，可以投资办企业；为投机，可以买股票；对人情，则应多结交朋友。

对朋友的投资，最忌讳的是图近利，因为这样就成了一种买卖，说难听点就是一种贿赂。如果对方是有骨气之人，更会感到不高兴，即使勉强接受，也并不以为然。日后就算回报，也是得半斤还八两，没什么好处可言。

一般人总以为冷庙的菩萨不灵，所以才成为冷庙。其实英雄落难，壮士潦倒，都是常见的事。只要一有机会，风云突变，仍是会一飞冲天、一鸣惊人的。

从现在起，多注意一下你周围的朋友，若有值得上香的冷庙，千万别错过了。真正灵活的人，一定会注意多去冷庙烧香的。平时多烧香，用时才灵光。但不是所有的“冷庙”都要去烧香，都可去烧香，最好要挑有发展潜力的“冷庙”去烧香。

7. 与成功者为伍，成就强者之路

俗话说："近朱者赤，近墨者黑。"一个人成就什么样的事业，往往与他所交往的人有很大关系。与强者为伍，可以使自己也成为强者；与失败者结群，往往也会让自己面临失败。所以，一个人要获得成功，就要尽量结交成功人士。

如果你想展翅高飞，那么请你多和雄鹰为伍，并成为其中的一员；如果你仅仅和小鸡成天混在一起，那么你就不大可能高飞。如果你想做一个成功者，你就要结交卓越的人士；如果你想成为失败者，你就去结交远逊于自己的朋友。

所以说，成就事业最最重要的关键在于拥有成功的朋友。华人成功学大师陈安之认为，想成功的人就要和成功的人在一起；想快乐的人，需要跟快乐的人在一起；想拥有健康的人，需要跟健康的人在一起。

你和什么人在一起，五年以后就会成为什么样的人。其实这一定律早已存在，只是不为大多数人所重视而已。

"和你所知道的最好的人为伍"。不论是失败的人，还是希望不断进取的成功者，都应该来听听博恩·崔西的声音："不管在你的现实生活还是想像中，你习惯相处的那些人，会对你想成为理想人物的目标有极大的影响力。"所以，你的目标应该是能够"与鹰共翱翔"，是要和你所知道最好的人为伍。你要和胜利者在一起，同时要远离那些自暴自弃、没出息的人。

由于诸多无法掌控的因素，你身旁约有80%的人都是不甚积极、没有野心、没有目标、不太成功之辈。他们在生活中并没有很大的成就。他们每天都在浪费时间，牢骚不断，并且一逮到机会就抱怨个没完。假如你和这种人在一起，你就会变得像他们一样。

在人际关系领域，那些最能给你帮助的人是很少的，与其平均地发展人际关系，不如把时间精力集中于少数最有价值的人身上。你需要找出给你最大帮助的人。

这里还有一个形象的交友风筝理论，大意是：处在空中的风筝，应该努力去搭扯上比自己飞得高飞得快的风筝，同时，要剪断拉扯着自己的比自己慢、比自己低的风筝之线。这个理论听上去似乎很冷漠无情，太世俗，但仔细想想，倒也在情理之中。人们在日常言行或潜意识里都是这样想、这样做的。

马克·吐温说过：尽量远离那些轻视你雄心壮志的人。挫他人的志气是失败者一贯的伎俩，相反地，真正伟大的人则会令你感觉自己的不平凡。

因此，多结交成功的朋友，对一个人来说十分重要。然而成功的朋友，不是你想交就可以交的，他们比你更忙，比你更难接近。而且，在他们前面，有着更成功的朋友等着他去结交。怎么办呢？首先要有这方面强烈的意识，在没有条件的情况下，书本、电子读物、演讲、培训班这些形式，都是可靠而值得珍惜的机会。一本成功者的书，一定可以让我们品味出许多宝贵的经验，要不厌其烦地看和咀嚼，从中品出自己的感触和体会。

另外，多结交成功的朋友，可以把注意力放在比自己先成功一步的朋友身上。这样，你既有结交的机会，也容易领略到对方的内涵。

结交成功的朋友，不要因为结交不上而怨天尤人，生活中的角色永远都在互相转换之中。更不能以一种“旁观者清”的姿态，轻率浅薄地认为成功者也没有什么了不起。只要是成功者，就一定有他成功的道理，有他作为成功者的核心竞争力。你没发现肯定是因为不具备发现的眼光，没调整好自己的心态。或许他成功的方式你无法学习，但他成功的过程永远值得你揣摩。

相信在很多时候，成功的朋友都乐于和别人分享他们的经验。只是，同样是成功的经验，我们还应根据自身的行业特点、行为特征、兴趣爱好来融会贯通地学习、模仿。成功的朋友肯定是我们的目标，但目标只是我们走向成功的方向。在我们自己通向成功的方向上，我们还必须建立自己的成功目标。然后，把自己量化的目标通过时间划分，一点一点、一步一步有耐心地去实现它。这样，相信我们的人生，肯定会在一条通往成功的路径上前行。

8. 团结合作，不当独行侠

现代社会，已经不是单枪匹马就能闯出一番大事业的时代了，独行侠往往会被碰得头破血流。所以不管你做什么事，要想把事情做大、做好，必须要有团队意识，要有集体意识。要知道，那些帮助你走向成功的人，就是你生命中的贵人，要牢牢抓住，千万不能让他们跑掉。

一家有影响的公司要招聘高层管理人员，9名优秀应聘者经过初试，从上百人中脱颖而出，闯进了由公司老总亲自把关的复试。

老总看过这9个人详细的资料和初试成绩后，对他们的表现都相当满意。但是，此次招聘只能录取3个人，所以，老总给大家出了最后一道题。

老总把这9个人随机分成甲、乙、丙三组，指定甲组的3个人去调查本市婴儿用品市场，乙组的3个人调查妇女用品市场，丙组的3个人调查老年人用品市场。老总解释说："我们录取的人是用来开发市场的，所以你们必须对市场有敏锐的观察力。让大家调查这些行业，是想看看大家对一个新行业的适应能力。每个小组的成员务必全力以赴！"临走的时候，老总补充道："为避免大家盲目开展调查，我已经叫秘书准备了一份相关行业的资料，走的时候自己到秘书那里去取！"

两天后，9个人都把自己的市场分析报告送到了老总那里。老总看完后，站起身来，走向丙组的3个人，分别与之一一握手，并祝贺道："恭喜3位，你们已经被本公司录取了！"然后，老总看着大家疑惑的表情，呵呵一笑，说："请大家打开我叫秘书给你们的资料，互相看看。"原来，每个人得到的资料都不一样，甲组的3个人得到的分别是本市婴儿用品市场过去、现在和将来的分析，其他两组的也类似。老总说："丙组的3个人很聪明，互相借用了对方的资料，补全了自己的分析报告。而甲、乙两组的6个人却分别行事，抛开队友，自己做自己的。我出这样一道题目，其实最主要的目的，是想看看大家的团队意识。甲、乙两组失败的原因就在于，他们没有合作，忽视了队友的存在！"

"就招聘员工而言，我们有一套很严格的标准，最主要的是团队精神。"微软中国研发的总经理张湘辉博士说："如果一个人是天才，但其团队精神比较差，这样的人我们不要。中国IT业有很多年轻聪明的人才，但团队精神不够，所以每个简单的程序都能编得很好，但编大型程序就不行了。微软开发WindowsXP时，有500名工程师奋斗了两年，有5000万行编码。软件开发需要协调不同类型、不同性格的人员共同奋斗，缺乏领军型的人才、缺乏合作精神是难以成功的。"

从不承认团队对自己有帮助，即使接受过帮助也认为这是团队的义务；遇到困难喜欢单独蛮干，从不和其他同事沟通交流；好大喜功，专做不在自己能力范围之内的事……一个人如果以这种态度对待所面对的团队，那么其前途必将是黯淡的。只有把自己融入到团队中去的人，才能取得大的成功。

融入团队必须先有团队意识，要让自己拥有团队意识，首先就要摒弃"独行侠"的思想，和"狂妄"、"自视清高"、"刚愎自用"坚决对立，代之以"众人拾柴火焰高"、"众志成城"、"齐心协力"的精神风貌。

在专业化分工越来越细、竞争日益激烈的今天，靠一个人的力量是无法面对千头万绪的工作的。一个人可以凭着自己的能力取得一定的成就，但是如果把你的能力与别人的能力结合起来，就会取得更大的令人意想不到的成就。

一个哲人曾说过：你手上有一个苹果，我手上也有一个苹果，两个苹果加起来还是苹果。如果你有一种能力，我也有一种能力，两种能力加起来就不再是一种能力了。也就是说，人的能力是可以互补的，合作才能创造出更大的价值。

一加一等于二，这是人人都知道的算术，可是用在人与人的团结合作上，所创造的业绩就不再是一加一等于二了，而可能是一加一等于三、等于四、等于五……团结就是力量，这是再浅显不过的道理了。

作为社会中的一个个体，只有把自己融入到整个团队之中，凭借整个集体的力量，才能把自己所不能完成的棘手的问题解决好。当你来到一个新的单位，你的上司很可能会分配给你一个你自己难以独立完成的工作。上司这样做的目的就是要考察你的合作精神，他要知道的仅仅是你是否善于合作，勤于沟通。如果你不言不语，一个人费劲地摸索，最后的结果很可能是死路一条。

明智且能获得成功的捷径就是充分利用团队的力量。一位专家指出：现代年轻人在职场中普遍表现出的自负和自傲，使他们在融洽工作环境方面显得缓慢和困难。他们缺乏团队合作精神，项目都是自己做，不愿意和同事一起想办法，每个人都会做出不同的结果，最后对公司一点儿用也没有。由此可见，如果一个公司的员工缺乏合作精神，那么对公司本身的打击是致命的。

事实上，一个人的成功不是真正的成功，团队的成功才是最大的成功。对每一个上班族来说，谦虚、自信、诚信、善于沟通、团队精神等一些传统美德是非常重要的。团队精神在一个公司，在一个人的事业发展中都是不容忽视的。

那么，怎样才能加强与同事间的合作，提高自己的团队精神呢？

首先，同在一个办公室工作，你与同事之间会存在某些差别。知识、能力、经历造成你们在对待和处理工作时，会产生不同的想法。交流是协调的开始，把自己的想法说出来，然后再听听对方的想法，你要经常说这样一句话："你看这事怎么办，我想听听你的想法。"

其次，即使你各方面都很优秀，即使你认为自己一个人就能解决眼前的工作，也不要显得太张狂。要知道还有以后，以后你并不一定能完成一切。还是做个朋友吧，平等地对待对方。

第三，面对十分麻烦的事，也要乐观，你要对你的伙伴们说："我们是最优秀的，肯定可以把这件事解决好，如果成功了，我请大家喝一杯。"

第四，一加一大于二，但你应该让它大得更大。培养自己的创造能力，不要安于现状，试着发掘自己的潜力。一个有不凡表现的人，除了能保持与人合作以外，还需要所有人乐意与你合作。

在同一个办公室里，同事之间有着密切的联系，谁都不能单独地生存，谁也脱离不了群体。依靠群体的力量，做合适的工作而又成功者，不仅是自己个人的成功，同时也是整个团队的成功。相反，明知自己没有独立完成的能力，却被个人欲望或感情所驱使，去做一件根本无法胜任的工作，那么失败的几率也一定更多。而且还不仅是你一个人的失败，同时也会牵连到周围的人，进而影响到整个公司。

要记住：一个团队、一个集体，对一个人的影响十分巨大。善于合作，有优秀团队意识的人，整个团队也能带给他无穷的收益。一个个体要想在工作中快速成长，就必须依靠团队、依靠集体的力量来提升自己。

第五章　嘴上功夫好，人心抓得牢——能说会道人缘好

在现代社会的交际中，嘴上功夫很重要，甚至可以说它是一个人能否交际成功的关键因素，因此也决定着这个人的事业是成功还是失败。通过说话，陌生人可以变成朋友，熟识的人可以变成知己，相互嫉恨的人可以化干戈为玉帛。如此一来，这个世界到处都有你的朋友，遇到什么困难都能够找到朋友帮忙，你的事业自然也会顺风顺水。反之，所谓“祸从口出”，如果一句话说得不妥，轻则会破坏人际关系的良性互动，重则会导致事业的失败。可见在复杂的人际关系中，成也由口败也由口，因此，“现实”之人绝对不能轻视嘴皮子的作用。

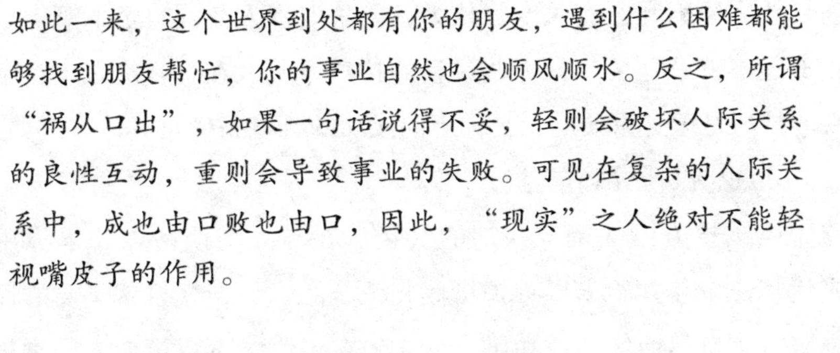

1. 说服别人有技巧

作为一个能说会道的“现实”人，就应该掌握说服别人的技巧。否则，你费尽口舌说了半天，别人原来怎么想，现在还是怎么想，岂不是白费力气？

在日常生活中，人们常常遇到这样的情况：你在与别人争论某个问题时，明明自己的观点是正确的，但就是不能说服对方，有时甚至还会被对方“驳”得哑口无言。

这是什么原因呢？有关专家认为，要争取别人赞同自己的观点，仅仅观点正确还不够，还要掌握一些说话的技巧。所以在日常交谈中，掌握说服别人的技巧是至关重要的，是你迈向成功的必备条件。具体方法如下：

（1）以退为进，调节气氛

首先应该想方设法调节谈话的气氛。在与人交谈中，如果你用提问的方式代替命令，并给人以维护自尊和荣誉的机会，气氛就是友好而和谐的，说服也就自然而然地成功了；反之，在说服时不尊重他人，拿出一副盛气凌人的态度，那么说服是很难成功的。毕竟每个人都是有自尊心的，谁都不希望自己被他人贬低。

有一位中学老师就非常善于通过调节气氛来说服他的学生。他刚刚接管一个差班的班主任工作，而此时恰好赶上学校安排各班级学生参加平整操场的劳动。干活的时候，这个班的学生都躲在阴凉处，不肯去干活，老师无论如何说都无济于事。后来，这个老师想到一个以退为进的办法，他问学生："我知道你们并不是怕干活，而是很怕热吧？"

学生们谁也不愿说自己懒惰，便七嘴八舌说，确实是因为天气太热了。老师说："既然是这样，我们就等太阳下山再干，现在我们可以痛痛快快地玩一玩。"学生一听就高兴了。老师为了使气氛更热烈一些，还买了几十个雪糕让大家解暑。在说说笑笑的玩乐中，学生也接受了老师的这种说服方法，不一会儿就开始愉快地劳动了。

（2）善意威胁，以刚制刚

很多人都知道用威胁的方法可以增强说服力，但是却不会运用。其实，威胁要想收到效果，最主要的还是带有善意，不能以势压人，要刚中带柔。用善意的威胁可以使对方产生恐惧感，从而达到说服的技巧。

在一次集体活动中，领队用一种以刚制刚的办法说服了旅馆经理。事情是这样的：当大家风尘仆仆地赶到事先预定的旅馆时，却被告知当晚由于某方面原因，原来订好的套房（有单独浴室）竟没有热水。为了解决此事，领队约见了旅馆经理。

领队：对不起，这么晚还把您从家里请来。天这么热，大家都满身是汗，不洗澡怎么行呢？何况我们预定时说好供应热水，这事只有请您来解决了。

经理：这事我也没有办法。锅炉工回家去了，没有人放水，我已叫他们开了集体浴室，你们可以到那里去洗。

领队：是的，我们大家可以到集体浴室去洗澡，不过话要讲清，套房一人50元一晚是有单独浴室的。现在到集体浴室洗澡，那就等于降低了服务水平，我们只能按照通铺标准，需要一人降到15元付费了。

经理：那不行！

领队：那惟一的办法就是供应套房浴室热水。

经理：我没有办法。

领队：您一定有办法！

经理：你说有什么办法？

领队：您有两个办法：一是把失职的锅炉工找回来；二是您可以给每个房间拎两桶热水，当然我会配合您劝大家耐心等待。

这次交涉的结果是旅馆经理被那个领队说服了，派人找回了锅炉工，40分钟后每间套房的浴室都有了热水。

尽管威胁能够增强说服力，但是在具体运用时要注意几点：一、态度友善是关键；二、讲清后果，说明道理；三、威胁程度不要太过分，否则就会弄巧成拙，达不到说服的目的。

（3）消除防范，以情感化

一般来说，在你和要说服的对象较量时，彼此都会产生一种防范心理，尤其是在危急关头。这时候，要想使说服成功，你就要注意消除对方的防范心理。如何消除防范心理呢？从潜意识来说，防范心理的产生是一种自我保护的心理，也就是当人们把对方当做假想敌时产生的一种自卫心理，那么消除防范心理的最有效方法就是反复给对方一些暗示，表示自己是朋友而不是敌人。

有一个女出租车司机把一名男青年送到指定地点时，那个男青年掏出尖刀逼她把钱都交出来，她装作害怕的样子，交给歹徒300元钱，说："今天我就挣了这么点儿，我还有一把零钱也给你吧。"说完又拿出20元零钱。见"的姐"如此爽快，歹徒有些迷惑。"的姐"见对方有点犹疑，又说："你家在哪儿住？我送你回家吧。这么晚了，家人肯定等着急了。"见"的姐"是个女子又不反抗，歹徒便把刀收了起来，让"的姐"把他送到火车站去。趁气氛缓和的时机，"的姐"也不失时机地启发歹徒："我家里原来也非常困难，咱又没啥技术，后来就跟人家学开车，干起了这一行。虽然挣钱不算多，但日子还算过得不错。何况自食其力，穷点儿还会怕谁笑呢！"见歹徒沉默不语，"的姐"继续说："唉，男子汉四肢健全，干点儿啥都差不了，走上这条路一辈子就毁了"。

火车站到了，见歹徒要下车，“的姐”又说：“我的钱就算帮助你的，用它干点正事，以后别再干这种见不得人的事了，去学一门技术自食其力吧！”一直不说话的歹徒听罢，突然哭了，把300多元钱往“的姐”手里一塞说：“大姐，我以后饿死也不干这事了。”说完，低着头跑了。

在这个事例中，“的姐”典型地运用了消除防范心理的技巧，最终达到了说服的目的，自己也没有任何损失。

（4）投其所好，以心换心

说服别人时，站在他人的立场上分析问题，也会给对方一种为他着想的感觉，这种投其所好的技巧具有极强的说服力，但要做到这一点，最重要的还是“知己知彼”，惟先知彼，而后才能从对方立场上考虑问题，从而达到说服他人的目的。

一个精密机械工厂，在生产某项新产品时，将其部分零件委托一个小厂制造，当该小厂将零件的半成品呈送总厂时，不料全不合总厂要求。由于时间紧任务重，总厂负责人只得让那个小厂尽快重新制造，但小厂负责人认为是完全按总厂的规格制造的，不想再重新制造，双方僵持了许久。总厂厂长见了这种局面，在问明原委后，便对小厂负责人说：“我想这件事完全是由于公司方面设计不周所致，而且还让你吃了亏，实在抱歉。今天幸好是由于你们帮忙，才让我们发现竟然有这样的缺点。只是事到如今，事情总是要解决的，你们不妨将它制造得更完美一点，这样对你我双方都是有好处的。”那位小厂负责人听完，欣然应允。

小厂负责人之所以被说服，就在于说服者站在被说服者的立场上去考虑。

（5）寻求一致，以短补长

有一些习惯于顽固拒绝他人的人，经常都处于“不”的心理状态，所以往往呈现僵硬的表情和姿势。对付这种人，如果一开始就提出问题，很难打破他“不”字心理。所以，你得努力寻找与对方一致的地方，先让对方赞同你远离主题的意见，使之对你的话感兴趣，然后再想法将你的观点引入话题，最终使对方接受你的意见。

有一个小伙子爱上了一个富商的女儿，由于他是个古怪可笑的驼子，姑娘始终拒绝正眼看他。这天，小伙子找到姑娘，鼓足勇气问：“你相信姻缘是天注定的吗？”姑娘眼睛盯着天花板答了一句：“当然相信了。”然后反问他：“你相信吗？”小伙子回答：“我听说，每个男孩出生之前，上帝便会告诉他，将来你要娶的是哪一个女孩。我出生的时候，未来的新娘便已经配给我了。上帝还告诉我，我的新娘是个驼子。我当时向上帝恳求：‘上帝啊，一个驼背的妇女将是个悲剧，求你把驼背赐给我，再将美貌留给我的新娘。’”当时姑娘看着小伙子的眼睛，并被内心深处的某些记忆搅乱了。她把手伸向他，从而成了他最挚爱的妻子。

说服他人要从关键入手，这就要了解对方，知道对方的长短。但最重要的是会说话，懂得说服他人的技巧，如此就很容易地说服人了。

说服他人不一定要用权势去压别人，也没有必要用生硬的态度去强迫别人，只要你可以将话说得恰到好处，做到说话说透，说人说心，说服别人就不是一件难事。所以说，与人相处时，如果遇到要说服他人的情况，首先要做的就是动脑子，管住嘴，选择最好的说服方式来解决问题。

2. 用委婉的方式表达自己

委婉是一种说话的技巧，也是“现实”的人高超处世的手段。很多时候，我们没办法直接表达自己的思想，否则就可能造成尴尬，闹出笑话，这时候采用出一种委婉的方式，就可能达到意想不到的效果。

有时，圆滑一些，委婉地表达出自己的思想，就可以帮助你搞好同上司的关系。

诸葛亮有一位兄长叫诸葛瑾，在孙权的门下效力。诸葛瑾有一个聪明绝顶的孩子恪，有一次孙权问诸葛恪：

“你以为你的父亲瑾和叔父孔明，谁比较聪明？”

“父亲。”

“理由呢？”

“因为父亲得到值得服侍的君主，而叔父却盲目跟随，不得其人。”

孙权听了，非常高兴，从此更加宠爱诸葛恪。

有时候，拍马屁拍得太明显，反而会令人觉得不是滋味，像诸葛恪这种拍法真是高明。惟有“现实”的人，才能通过“拍马”博得上司的欢心，那些在这些方面技能较差、功夫欠佳的人则往往要吃亏。

西汉时有位汲黯，从来不曾迎合汉武帝之意，每每直言不讳，所以被左迁东海郡任职地方官。到东海郡赴任之后，汲黯视部属的才能分配工作，大小事务都交给部属全权处理，只要没有大错，犯了小错也不会追究，因此尽管汲黯身体不好，很少管事，郡中治绩却大为提高，声名远播，终于传到汉武帝的耳中。汉武帝惜才，于是汲黯又被调回京城，成为朝廷命官。

按理说，左迁以后的汲黯应该会稍稍收敛，但是他仍然一如往昔直言不讳。有一天在朝廷会议中，汲黯比以往更加严厉地辩驳汉武帝，毫不留颜面，使汉武帝无言以对。汉武帝本来对汲黯的直言司空见惯，但是这时候脸色却渐渐变了。列席的大臣，心中莫不七上八下，为汲黯感到担忧，偷偷地告诫他不要再说了。汲黯却说："大臣制度本就为辅佐天子而设立，并非是为迎合天子。职责如此，不能因为惜命就不追究天子的过失。"

汉武帝也因此而畏惧汲黯。大将卫青侍候汉武帝时，丞相公孙弘私下求见，汉武帝没带皇冠，就坐在床上引见他。但是只要听到汲黯求见，汉武帝一定马上正装接见。

由于汉武帝畏惧汲黯，所以他的官职一直没有擢升。反而是居下位的人一个个蹿升起来，同级的人职位也比他高。汲黯心里很不是滋味，于是趁机挖苦汉武帝："陛下的人事就像堆柴薪一样，后来居上啊！"

当然，我们不能批评汲黯的正直，他的忠勇是值得我们学习的，但是我们要说的是，他表达自己的方法不对，要知道"良药未必苦口，忠言未必逆耳"，如果选用适当的方式，既将自己的主张表达出来，又不得罪人，岂不是两全齐美吗？

在日常交际中，总会有一些人们不便、不忍，或者语境不允许直说的话题，需要把"辞锋"隐遁，或把"棱角"磨圆一些，使语意软化，便于听者接受。说话人故意说些与本意相关或相似的事物，来烘托本来要直说的意思。比如"文革"期间，长沙、武汉等地流传着这样的民谣："毛主席呀受蒙蔽，我们想念杨开慧！"碍于当时的社会背景，江青已窃取中央文革小组副组长的要职，人们只能委婉曲折地表达对江青的不满，于是便巧妙利用“毛、杨、江”三者间特定的关系，以蕴含的逻辑技巧，改变表达的视点角度，巧妙地指责江青干扰毛主席战略部署的题旨。

委婉法是说话时的一种“缓冲”方法。委婉语能使本来也许是困难的交往变得顺利起来，让听者在比较舒坦的氛围中接受信息。因此，有人称“委婉”是办事语言中的“软化”艺术。例如巧用语气助词，把“你这样做不好！”改成“你这样做不好吧？”也可灵活使用否定词，把“我认为你不对！”改成“我不认为你是对的。”还可以用和缓的推托，把“我不同意！”改成“目前，恐怕很难办到。”等等。这些，都能起到“软化”效果。

具体地说，委婉法有以下几种形式。

（1）讳饰式委婉法

讳饰式委婉法，是用委婉的词语表示不便直说或避免使人感到难堪的方法。

例如：有一位外籍旅游者在旅华期间自杀了，为了减少话语的刺激性，经过再三推敲，有关部门最后在死亡报告书上回避了“自杀”两个字，而用了“从高处自行坠落”这一委婉语。在中国北方，老人故世了，以“老了”讳饰；老干部故世了，以“见马克思去了”讳饰等，类似的不下有几十个同义讳饰词语。再如，生活中对跛脚老人，改说“您老腿脚不利索”；对耳聋的人，改说“耳背”；对妇女怀孕说“有喜”。总之，在语言交流中讲究讳饰，也就是“矮子面前不说短”，而不是“哪壶不开提哪壶”。

有时，即使动机好，如果语言不加以讳饰，也容易使人反感。比如：售票员说：“请哪位同志给这位‘大肚皮’让个座位。”尽管有人让出了座位，但孕妇却没有坐，“大肚皮”这一称呼使她难堪。如果这句话换成：“为了祖国的下一代，请哪位热心人给这位‘有喜’的妇女大姐让个座位。”当有人让出座位时，这位孕妇就会对售票员表示感谢，并愉快地坐下。

（2）借用式委婉法

借用式委婉法，是借用一事物或他事物的特征来代替对事物实质问题直接回答的方法。

例如：在纽约国际笔会第48届年会上，有人问中国代表陆文夫：“陆先生，您对性文学怎么看？”陆文夫说：“西方朋友接受一盒礼品时，往往当着别人的面就打开来看；而中国人恰恰相反，一般都要等客人离开以后才打开盒子。”

陆文夫用一个生动的借喻，对一个敏感棘手的难题，婉转地表明了自己的观点——中西不同的文化差异也体现在文学作品的民族性上。

（3）曲语式委婉法

曲语式委婉法，是用曲折含蓄的语言和商洽的语气表达自己看法的方法。

例如，《人到中年》的作者谌容访美。在某大学作讲演时，有人问：“听说您至今还不是中共党员，请问您对中国共产党的私人感情如何？”谌容说：“你的情报很准确，我确实还不是中国共产党员。但是我的丈夫是个老共产党员，而我同他共同生活了几十年尚无离婚的迹象，可见我们的私人感情很好。”

谌容先不直言以告，而是以“能与老共产党员的丈夫和睦生活几十年”来间接表达自己与中国共产党的深厚感情。有时，曲语式委婉法比直接表达更有力，这种曲语式的委婉用语，真是利舌胜利剑。

3. 说话留点余地，让忠言不逆耳

在忠告和指责别人的时候，要“现实”一点，话语中必须要留一些余地，让别人自己来思考，这比直截了当地说出你的意图效果要好得多。

如果你想要与某人的关系更进一层，除了一般的关怀和赞美外，还要善于对他的缺点提出善意的批评，对他的不足提出忠告，这样往往能赢得对方的信任，甚至将你视为他的知己。

所谓“良药苦口利于病，忠言逆耳利于行”，忠告的话听起来一般都让人难以接受，甚至会引起他人反感，取得相反的效果。比如商朝末年，纣王昏庸无道，丞相比干多次进谏，纣王非但不听，还下令将比干剖心处死。在商业行为中，对领导提出忠告很有可能遭致他的嫉恨，结果自己被炒，走人了事。那么，怎样进行忠告，才能不“逆耳”呢？

（1）忠告要体现出“忠”

忠告首先应该是诚心诚意的关怀。当你对某人提出批评时，如果对方发现你并不是为了关心他才批评他，而是出于你个人的某种意图，他马上会站到与你敌对的立场上。

对人提出忠告的时候，应该抱着体谅的心情。他诚然在某些方面做得不对，但是他可能有难言的苦衷。所以，在提出忠告的时候，还要体谅他的难处，不要一味地强求或大加责难。

（2）从实际出发

忠告要想获得成功，必须了解真实情况，而不要捕风捉影。只有了解了事实，你才能清楚地判断是否有必要提出忠告，提出忠告的角度怎么选择，忠告以后会有怎样的效果。如果你是一位公司的职员，对公司的计划背景缺乏了解时就提出自己的看法，你不可能获得领导的信赖。相反，他会认为你思考问题不够。同样，不了解朋友的意图，就对他的行为妄加非议，他会认为你对他没有尽一个朋友的责任。另外，凭借听到的信息忠告别人，容易引起误解。这时补救的办法是与他沟通，听听他怎么说，等了解清楚事实之后再想办法消除误解。

（3）选择措辞

掌握了事实真相和对方的心理，就该拿出勇气来忠告，指出他应该改善的地方。但是还要注意你的措辞，否则就容易得罪人。例如“现在的年轻人自以为是”，“别理他，反正我们没有损失”，“这样太可笑了……”等等，诸如此类的措辞永远都是失败的。我们应该以恳切的忠告作为帮助朋友进步的动力，这样才能很快地获得愉快的人际关系。如果害怕得罪人，一味地保持缄默，做个老好人，最终无法获得良好的人际关系。

（4）注意场合

要注意，提出忠告，切忌在大庭广众之下。因为提出忠告的时候必然涉及朋友的短处，触动他的伤疤，而每个人都有自尊心，被当众揭短时，情面上很容易下不了台，从而很容易产生抵触情绪。在这种情况下，即使你是善意的，他也会认为你是在故意让他当众出丑。

（5）把握时机

在当事人感情冲动的时候不适合提出忠告。因为在他冲动的时候，理智起不到半点作用，他也无法判断你的用意。这时提出忠告，不仅不能解决问题，反而火上浇油。

（6）简洁而突出重点

提出忠告的时候，要注意简洁中肯，按照“一时一事”的原则。如果回溯对方过去的缺失，再予以责备，当然会引起对方的反感，不会理睬你的“好心”了。所以，要掌握重点，不要随便提及其他的事情是很重要的方法。

（7）留有余地

在提出忠告的时候，要给对方留有余地，不要把他指责得一无是处，否则很容易引起他的逆反心理。“既然我已经这样了，那就干脆一错到底”，最后反而不如不提忠告。必要的时候可以多列举对方的一些优点，比如你可以这样说：“你平时工作努力，表现积极，惟一的缺点就是想问题的时候稍微草率了一点，如果你思考问题再慎重一些，就很有前途了。”用这种口气说话，会让他备受鼓舞，从而接受你的忠告。

忠言逆耳，你的一句话可能赢得他的尊敬，也有可能招来不必要的麻烦。因而在提出忠告时要注意策略，点到为止，留有余地是非常必要的。

有一位高僧写了一个处世之方，教的是如何待人接物，写得很有意思，其中有“热心肠一副、温柔二片、说理三分”等等。有聪明人可能会问：奇怪，这说理为什么是三分而不是十分呢？

“说理三分”，讲的其实是一种技巧。你若有理，聪明人一点就通，不用十分，三分就足够了；碰到蠢人，你再多费口舌也无用，何必执著，不妨假以时日，让他自己慢慢去悟；至于蛮横汉，他本不讲理，你即使讲上十二分，也无异于对牛弹琴。

“说理三分”，讲的也是宽容。人总有缺点，或多或少总有不周全的地方，他或许并不明白，你巧妙地说上几句，点到为止，确是与人为善，让他心存感激。如果是穷追猛打，非要弄得人家连面子都留不住，只怕是两败俱伤。

说话不能太露，含蓄是一种大气、一种风度，真正会做人的人，总是含蓄的，总是懂得明明占理十分只说三分，总是记得“得理也让人”。

不过，做到这一点是很难的。人性的弱点之一是“一吐为快”，何况在理儿上的，常常会不知不觉“理直气壮”起来。因此，许多人虽然有高僧所说“热心肠一副”，也不乏“温柔二片”，却总成不了气候——常常就在这多说几句之中，将功劳一笔勾销了。

“说理三分”，实在是一种大智慧。既指出对方的错误，又保留对方的面子。有时，人难免因一时糊涂做一些不适当甚至是“错误”的事。遇到这种情况，就需要把握住指责别人的分寸：既要指出对方的错误，又要保留对方的面子。否则可能会使对方很难堪，从而破坏了交往的气氛和基础，带来一系列严重的后果。

心理学研究表明，谁都不愿把自己的错处或隐私在公众面前“曝光”，一旦被人曝光，就会感到难堪或恼怒。因此，在交际中，如果不是为了某种特殊需要，一般应尽量避免触及对方所避讳的敏感区，避免使对方当众出丑。必要时可委婉地暗示对方，你已经知道他的错处或隐私，不可过分，只须“点到为止”。

在广州一家著名的大酒店，一位外宾吃完最后一道茶点，顺手把精美的景泰蓝食筷悄悄“插入”自己的西装内衣口袋里。服务小姐不露声色地迎上前去，双手擎着一只装有一双景泰蓝食筷的绸面小匣子说：“我发现先生在用餐时，对我国景泰蓝食筷颇有爱不释手之意。非常感谢您对这种精细工艺品的赏识。为了表达我们的感激之情，经餐厅主管批准，我代表本店，将这双图案最为精美并且经严格消毒处理的景泰蓝食筷送给您，并按照大酒店的‘优惠价格’记在您的账簿上，您看好吗？”

那位外宾当然会明白这些话的弦外之音，在表示了谢意之后，说自己多喝了两杯“白兰地”，头脑有点发晕，误将食筷插入内衣袋里。并且聪明地借此下“台阶”，说：“既然这种食筷不消毒就不好使用，我就‘以旧换新’吧！哈哈哈。”说着取出内衣里的食筷恭敬地放回餐桌上，接过服务小姐给他的小匣，不失风度地向付账处走去。

在这件事情上，服务小姐处理得非常巧妙，既让地方领会了自己的意思，又没让对方过分难堪。

英国前首相丘吉尔也曾成功地处理过一件类似的事情。

一次，英国首相丘吉尔和夫人克莱门蒂娜一同出席某政要举行的晚宴。席间，一位著名的外国外交官将一只自己很喜欢的小银盘偷偷塞入怀里，但他这个小小的举动被细心的女主人发现了，她很着急，因为那只小银盘是她心爱的一套古董中的一部分，对她来说非常重要。怎么办？女主人灵机一动，想到求助于丘吉尔夫人把银盘“夺”回来，于是她把这件事告诉了克莱门蒂娜。丘吉尔夫人略加思索，向丈夫耳语一番。只见丘吉尔微笑着点点头，随即用餐巾作掩护，也“窃取”了一只同样的小银盘，然后走近那位外交官，很神秘地掏出口袋里的小银盘说：“我也拿了一只同样的小银盘，不过我们的衣服已经被弄脏了，所以应该把它放回去。”外交官对此表示完全赞同，两人将盘子放回桌上。

我们设想一下，如果近吉尔直接走过去向外交官“讨回”小银盘，会有什么结果呢？有两种可能，一种是银盘“讨”回来了，却弄得双方都很尴尬，破坏了晚宴的氛围；另一种是外交官死不认账，愤而离去。无论哪种，都不理想，反而是丘吉尔自己也拿了一个，从而保住了对方的面子，给了对方一个“台阶”，银盘也要回来了。

即使是手下人犯了错误，你不得不批评他，但在批评的时候也要言之有理。既要坚持原则性和斗争性，又要以理服人，切不可口出恶语，挖苦讽刺，侮辱人格。同时要做到情理结合，情真理切，这样才能收到好的效果。具体方法如下：

（1）不怒发冲冠，允许申辩

批评和发脾气不是一回事。发脾气有时不但无助于批评的效果，往往还会把事情搞僵。员工做了错事，或说了错话，你难免会生气，但生气归生气，做上级的总要有气度和涵养，要能够把握自己的情绪，批评时千万不要声嘶力竭。

（2）实事求是，不恶语相向

批评宜以理服人，摆事实，讲道理。你一味地挖苦污蔑，或者以对方的缺陷为笑柄，过分地伤害别人的自尊，往往会适得其反。对方一旦产生抵触情绪，就很可能以其人之道还治其人之身。

（3）轻重有度，不一棍子打死

批评应就事论事，一就是一，二就是二，哪儿疼就治哪儿的病，而不能夸大其词，借机整人。不能因一时一事的失误，就将人的过去全盘否定，或形成否定印象，觉得此人“朽木不可雕也”，更不能当面断定人“不可救药”。

（4）讲求方法，不仗势欺人

个别上级如果和下属发生口角，气头上的口头语往往是：“听你的，还是听我的？”“这样做谁说了算？”他们不是平心静气地批评，而是用扣奖金、扣工资、调离岗位相威胁；不是以理服人，而是仗势压人，仗势欺人。这样做的结果，常常是压而不服，甚至还结下了心病。

言有尽而意无穷，有情尽在不言中，这就是语言的艺术，说话你留一分余地，话中有话，让双方都不致感到难堪，才更能真正地打动对方的心。

4. 当着矮子不说短话

俗话说："打人不打脸，揭人不揭短"。做人要现实，就不能不注意说话的方式，因为你可能稍有不慎，就把人得罪了，从而给自己的人生道路设置了一块绊脚石。

《韩非子·说难》中曾对龙做了如下描述：龙的性情非常柔顺，人们可以和它亲近，甚至可以把它作为自己的坐骑。然而，它的喉下有一块长约尺许的逆鳞，如果有人触摸它，它必然会勃然大怒，以致伤人致死。

其实，和文中所描绘的龙一样，世界上每个人都有自己的忌讳，也就是我们常说的"短处"。鲁迅笔下所描绘的阿Q、孔乙己、祥林嫂都是我们大家所熟悉的人物，他们虽然性格各异，但在他们身上却有一个共同的特点，那就是都有一个最怕人触动的"短处"。阿Q最怕的就是有人说他头上的疤，谁要是犯了这个忌讳，他准会去找人家拼命。孔乙己最怕人说他偷，谁要说了，他便涨红了脸，强词夺理，竭力争辩。祥林嫂的忌讳是她曾嫁过两个男人，这是她精神上最大的负担和面子上最大的耻辱，她捐过了门槛后，本以为自己变成了干净女人，动手去拿供品，但四婶大喊一声，使她旧病复发，精神崩溃了。

人们之所以有忌讳，怕别人揭自己的短处，说到底还是自尊心的问题——怕脸面上过不去。所以，你若想获得朋友，就一定不要触动他们的短处。

古代有一则故事，说有一个叫鱼子的人，生性古怪，对人尖酸刻薄，总好揭人短处，并以此为乐事。有一天，朋友们坐在一起吃酒，其中有一个叫吴丑的，因老婆管得太严厉而不敢多喝。鱼子便吵吵嚷嚷地说："你们知道吴丑为什么不敢吃酒吗？是他的老婆管教得太严了。有一次，吴丑喝醉了酒，还被老婆打了几个耳光呢！"吴丑被鱼子当众揭了短处，恼羞成怒，拂袖而去，大家不欢而散。

生活中像鱼子这样的不乏其人，他们似乎认为，只有揭了别人的"短"，才足以证明自己的"长"，以此来获得心理上的满足。孰不知，这样只能使人们对他们避而远之。

大凡有一定修养、品德高尚的人是从不揭人之短的，这样的例子在历史上比比皆是。据唐朝封演的《封氏闻见记》载：曾做过府朝枪校刑郎的程皓，从不谈论别人的短处。每逢朋友中间有人说他人的坏话时，他从不跟着掺和，而且还说："这都是大家乱说的，其实不是这样。"然后再说一番他人的好处。像程皓这样的人，能不赢得他人的好感吗？

由于人们对于自己的忌讳，通常极为敏感，往往把别人的无意当成有意，把无关的事主动与自己相联系，有时，你随口谈一点什么事，也很可能被视为对他的挖苦和讽刺，正所谓"说者无意，听者有心"。因此，我们不仅应避免谈论别人的忌讳之点，同时也应注意不要提及与其忌讳之点相关联的事物，以免造成对方的误会，致使他的自尊心受到无谓的伤害。

史书记载：明太祖朱元璋曾当过红巾军，被官家称作"红巾贼"。所以，朱元璋对"贼"字或与"贼"同音的"则"字最敏感，也最忌讳。一次，浙江府学教授林已亮作了《谢增俸表》，呈送朱元璋，上有"上则垂宪"一句话；还有位北平府学训导赵伯宁写了《贺万寿表》，上面有"垂子孙而作则"一句话。这些本来都是吹捧朱元璋的谄词，无非说他可做后世的楷模。不料朱元璋因对"则"字过敏，见到"则"字，便以为别人在骂他为"贼"，竟把这两位都杀掉了。自然，朱元璋的所作所为是有些过于敏感，但是它所留下的教训却是深远的。

俗话说："当着矮子不说短活。"对于个头低矮的人，最好是不要提及"短"、"小"以及"木墩"、"武大郎"等等与矮小相联系的话语，免得他由于多心而伤心，再进而对你生出怨恨。对于犯过罪、判过刑的人，最好不要提及"监狱"、"罪犯"等与他的忌讳相关联之事。否则，他会认为你在指桑骂槐。

孟子说："恭者不侮人，俭者不夺人。"荀子说："与人善言，暖于布帛；伤人以言，深于矛戟。"人生在世，各有所长，各有所短。若以我之长，较人之短，则会目中无人；若以我之短，较人之长，则会失去自信。这是人际交往中尤其要注意的一点。

5. 不要直接说人不对

“现实”的人都懂得，如果你认为一个人的观点不正确，想要反驳，绝对不能直接说他不对，因为这样不仅达不到你让对方改变观点的目的，还会使其因自尊心受损，固守自己错误的观点，甚至他还会据理力争，让你下不来台。

在现实生活中，你可以用眼色、语调或手势代替语言，示意某人的不对。如果你直接说他不对，你想他能同意吗？绝对不会，因为你说话时就已经伤了他的自尊心。

这样做，只会招来更猛烈的反驳，而绝不会改变他的见解。你可以用柏拉图和康德的所有逻辑观点来说服他，但未必能使他改变主张，因为你伤了他的感情。

所以，任何时候都不要以这样的话开头：“我来给你证实一下。”因为这实际上等于在说：“我比你聪明，我跟你一说准能让你改变自己的观点。”这是一种挑衅行为，它能使对方在你刚同他谈话时就反对你的意见。

即使在最有利的情况下，你也难以改变别人的主张。何必自找难堪呢？如果你想论证些什么，你就要尽量使人不知道你的意图。说得巧妙点，不要让对方发觉你在试图说服他。

假如某人提出一个主张，你认为不对或确信它是错误的，你可以这样对他说：“我不同意你的意见，但我的看法可能也是错误的，我是经常犯错误的。如果我哪里说得不对，请你给予纠正。咱们共同实事求是地分析一下。”这是很有魔力的话，任何人任何时候都不会反对这种说法。

科学家们正是这样做的。有一次一名记者和在极圈度过了十一个春秋，其中有六年是靠食肉和饮水生活的著名发明家、科学家斯蒂芬逊聊天。他向记者介绍了一条经验，记者便问他想以此来证明什么。他说：“科学家从来不想证明什么，他只是想寻求事实。”你也希望提高自己的科学思维能力，不是吗？要知道，除你自己外，谁也不会妨碍你提高思维能力。倘若你勇于承认自己难免犯错误，就永远不会陷入窘境，也会使对方像你一样开诚布公，促使他承认自己也难免犯错误。

假如你的确知道某人有错误，但却直截了当地给他指出，那结果会怎样呢？让我们来看一个具体例子。

C先生是纽约市的一个年轻律师，前不久，在联邦最高法院审理一宗涉及巨款和违法的重大案件时他出庭辩护。该律师发言时，一名法官对他讲：“根据军舰制造厂限制条款，你的当事人应判六年刑，难道量刑不当吗？”C先生停下来，看了法官一眼，然后开门见山地说：“尊敬的法官，这种条款是不存在的。”

事后C先生说：“法庭鸦雀无声，室内温度好像突然降到了零下。我是对的，法官是错的。于是我就向法官直言陈述了自己的观点。可你想他能同意我的观点吗？不会的。但我仍然相信自己的观点是符合法律规定的。我觉得这次辩护发言比以往任何一次都成功，但就是没有说服法官。当我向这位著名学者指出其不对时，我已经是在犯一个大错。”

事实上，只有很小一部分人的思想是符合逻辑的，大多数人生来就具有偏见、嫉妒、贪婪和高傲心理等。但是人们一般不愿改变自己的观点，不管是否涉及宗教等原因，而如果你直接指出其错误，则必然会遭到反驳。

假如你喜欢对别人的不妥之处横加指责，那就请你每天早晨把哈维·鲁宾逊教授所说的这段话读一遍：“我们有时会在没有受任何指责、没有引起内心不快的情况下改变自己的主张。要是有人直言不讳地说我们不对，就会引起我们的不满和怨恨。我们经常对自己的信念是否对没有把握，但当有人劝我们回心转意时，我们却又固执己见。显然，观念并不值钱，值钱的是我们受到威胁的自尊心……‘我的’这一不甚显要的字眼是人生和整个人际关系中最重要的一个词。懂得这一点就说明开始变聪明了。该词无论同什么词搭配使用，对一个人来说都具有同等意义，‘我的’午餐、‘我的’狗、‘我的’房子或‘我的’父亲、‘我的’国家、‘我的’上帝。我们都喜欢继续相信我们早就以为正确的东西，如果有人怀疑我们的主张是否正确，我们当然感到不满，就会寻找能说明自己正确的理由，以坚持自己的主张。”

6. 说话要有亲和力

人类普遍渴望自己拥有“亲和力”，因为这也是渴望与他人亲近、和谐相处的一种心理状态，甚至也可以说是做人最基本的要求。所以，要想做一个“现实”的人，让别人都愿意与你接近，就必须竭尽全力让自己充满亲和力。

说话要体现出亲和力，既是使情感归依的起因，同时也是激发人际交往的动力，它对平衡人类心理起着非常好的调节作用。人类凭借着亲和力，使自己如此坚强而有力地屹立在大自然面前。人的这种求生动机，也是对语言严格要求的一种表现。

人都有七情六欲，在情感方面也有喜怒哀乐。当人们遇到了喜悦或是悲伤的时候，往往会想要找人倾吐，因为这样可以得到理解与宽慰，也可以使人在情感方面有所寄托。所以亲和力会让人有一种归属感。

那么，怎样才能利用好自己的嘴，说出具有亲和力的话呢？

《易经·系辞上》中这样写道：“方以类聚，物以群分。”《易经·乾卦》中也说：“同声相应，同气相求。”说的其实都是一样的道理：类似的人彼此之间比较容易相处与亲近。

因此，要想提高语言亲和力，可以尝试用一些方式与他人配合，让他人感觉到我们是可以亲近与信赖的。这样的技巧有以下几个方面。

（1）配合别人的感受方式

每个人都会有各种不同的方式来感受这个世界，比如视觉、听觉、触觉、味觉、嗅觉。前三种用得比较广，因此，一般说人有三种主要的感受方式。根据不同的倾向和使用感官的不同，我们可以把人分成三种：视觉型、听觉型与触觉型。一般情况下，视觉型的人比较喜欢快节奏，说话很快，思考也很快，喜欢阅读图表，而且行动力强；听觉型的人喜欢比较有秩序的生活，说话较慢但很有条理，喜欢交谈与聆听，行动力稍次；而触觉型的人很重视感觉，爱好舒适，说话有时是不看对方的，速度也比较慢。知道了这些之后，那么我们在与别人交谈的时候，就可以观察一下对方是什么型主导的，然后迎合他的特性，说出对方感兴趣的话，以此来增加彼此间的情分。

比如，对那种说话速度极快的人，要强调行动与成果；对那些说话时要分成一、二、三个要点的人，要强调逻辑与条理；而对于那种慢吞吞的人，多谈谈某种产品会带来什么样的感受。如果你没有分辨出对方是什么类型的人，就张口说话，说好了对方可能会继续与你交谈下去，说不好对方可能会转身离去。所以说，在与人交谈时，一定要注意用用脑子，看看对方是什么类型的人，然后再张口说话。

（2）配合别人的兴趣与经历

人际关系大师戴尔·卡耐基曾经在著作《人性的弱点》中写道："我们要对他人真诚地感兴趣，聆听对方的谈话，就对方的兴趣来谈论以及鼓励他人谈论他自己。"

有些人在从事直销活动当中，说自己与准客户无话可说，或是没有切入点。这就正是因为缺乏配合别人的功夫。

我们需要对他人真诚地感兴趣，就像面前的这个人就是世界上对你来说最重要的一个人。当我们对他人真诚地感兴趣的时候，自然而然就会去关注他的一举一动。那么他的每一个细节都有可能是我们与他交谈的切入点。

比如：你在公共汽车上看到一个人提着束特别的盆栽，你就可以说：“哇！您的花真漂亮。它叫什么名字呢？”假如对方愿意说的话，局面就打开了，你就可以继续同他谈下去。但你要注意，在你开口说话时，一定要做好准备，防止说出不该说的话，流露出不该有的表情，如你与对方谈话时，露出满脸贪婪的表情，似乎你想把别人的东西抢过来归自己，这样，在交谈中你不可能得到更多关于他的信息，也就断送了进一步交往的时机。

（3）使用“我也”的句式

如果对方的经历或见解中有跟你类似的部分，你可以多使用一些具有神奇力量的短语，它就是“我也……”

例如：“啊，您去过泰山啊，我也去过呢！是去年4月的事了。您是几时去的呢？”“哦，你也认同爱就是要给对方自由，我也这么想的。”“你同意产品的质量是最重要的对吧？我也这么想，因此您可以比较一下我们的产品与其他同类产品的质量。”……

有了这几条，你的语言亲和力很快就会建立起来了。关于语言亲和力的产生，心理学家斯坦利·沙赫特曾做过一个实验：他当时将5位自愿做实验的人隔离在不同的5间屋子里，给这些人提供的住宿条件是相同的，然后让他们与外界隔绝。在他们5人当中，其中坚持时间最短的只呆了20分钟，最长的达8天8夜。不过在他们当中都有孤独、难受、心理紧张这些心理现象出现。

斯坦利·沙赫特在这项实验中得出了这样的结论：亲和力是人与生俱来的一种本能。并且，他还发现人类都比较喜好合群、组织家庭，也喜欢建立各种社会组织，这一点完全可以证明出来。有些人为什么会有一种恐惧感？就是因为他们太孤独了。那些不正常的人或在精神上出现毛病的人，都是因为他们离群了。人类之间相互亲近，也是为了共同生存下去，这也是一个人的本能。从这里也可以看出来，亲和力的产生条件来自于对生存的需要。

凝聚力的来源正是语言亲和力，语言亲和力在现实社会生活中也发挥着不可估量的影响与作用。人类社会的进步与发展，人们之间的团结友爱、互相帮助，都与语言亲和力息息相关。

语言亲和力还有利于个体的身心健康，减少心理障碍产生的几率。人们社交的范围越广，精神生活就会越丰富，语言亲和力也就越强，心理发展就越平衡；语言亲和力也是培养良好的个性、求取知识、获得事业发展必不可少的重要条件；语言亲和力也是建立友谊、发展友谊的坚强动力。只要你的亲和力动机纯正，就会赢得许多朋友，就会在人生的道路上一帆风顺。

7. 真诚的赞美最能“笼”人心

希望被认同是每个人的心理需求，“现实”的人抓住这一需求，适时真诚地赞美别人，必定能够建立起和谐愉快的人际关系。

人类的举止动作有一条最重要的定理，假如你遵守那条定理便永远不会遇到困难，甚至还会带给你无数的朋友和永远的快乐。但是一旦违犯了那条定理，你就会立即遭遇无数的困难。那条定理就是：“永远使别人觉得高贵重要。”

高贵感是人类最急切的要求，詹姆斯教授说道：“人类渴望受人称赞，是天性中最深奥的禀质。”人与动物的不同处也就是在于高贵感的有无，人类文明就是从这里所产生的。

哲学家们对于人类关系的定理曾经思索了几千年，但结果只能引证出一条重要的定律。那条定律并不是新创的，而是与历史一样古老。三千年前波斯哲人梭罗斯特把那条定律教给拜火教徒，二千多年前中国的孔夫子把那条定律传给门人弟子，释迦牟尼在二千多年前也把那条定律广传给人们；耶稣把那条定律归纳成一句话：“你希望别人怎样待你，你就怎样待人。”

“你希望别人怎样待你，你就怎样待人。”正是这样，你想使曾和你交往过的人都赞同你，你想要别人承认你的真正价值，你想要有一种在你的小世界中的高贵感，你不愿意听无价值不真诚的阿谀，而渴求诚挚的赞赏，要获得这一切其实很简单，即遵守这条金科玉律，以希望别人怎样对待我们的态度去对待别人。

举个例子，假如女侍者给你端来柠檬茶，而你叫的是橘子水，你可以说："很对不起，麻烦你了，不过我爱喝橘子水。"她将回答说："不麻烦。"并且愿意替你更换，因为你表示出看得起她。这就是灵活变通语言的力量，如果你指责她给你送错了饮料，相信她即使出于工作原因，态度也不会对你十分友好。

事实就是这样，很平常的客气话如"我很抱歉"、"麻烦你"、"你不介意"、"谢谢你"等等，常可以减轻人与人之间的摩擦，并且表现出一个人的高尚品格来。

让我们再来举一个例子。美国著名小说家贺尔·柯恩原来是一个铁匠之子。他一生上学不足八年，然而他死时已是世界上最富有的文人。那么他是怎样做到的呢？除了自身的才华之外，他还恰当地使用了赞美的技巧。

柯恩最爱读十四行诗及短歌，因此他对英国诗人罗赛蒂的诗全部读熟，于是便写了一篇讲演稿颂扬罗赛蒂的艺术成就，并且寄了一份给罗赛蒂。罗赛蒂很高兴，他对自己说："有一青年对我的才能有这么高的评价，那么他一定是很聪明的。"因此他便函聘那个铁匠的儿子到伦敦当他的私人秘书。

这是柯恩一生的转折点。因为他在新职位上，遇到了当代的很多大文豪。得益于他们的指教，由于他们的鼓励，柯恩遂致力于文学事业，后来使他的名字为世人所知。

柯恩的故里格端巴堡如今已经成为世界上一些旅游者爱去瞻仰的圣地。他的遗产总值250万美元。然而，我们知道，假如他不会写那一篇称赞大名人的文章，到死时也许还只是一个默默无闻的穷人。这便是真诚与出自衷心的称赞的力量，伟大的力量。

记住爱默生的话："我所遇到的每个人都有优越于我的地方，我从他们那里能得到好处。”这是一条最明显的真理，就是凡你所遇着的人，几乎每个人都觉得自己有比你优秀的地方。只有一个法子，能打动他的心坎，就是让他觉得你承认他在自己的小天地中是高贵而重要的，并且真诚地承认他。

有三个商人，就曾因为应用了这条原则而获得惊人的结果。第一位是美国康涅狄格州的一位律师，就叫他A君吧。

有一天，A君驾着汽车陪太太到长岛去看她的亲戚，他太太留他陪一个老姨母闲谈，自己另外去看望别的亲友。他巡视着屋内的一切，想找点值得真诚赞美的东西。

“这座房子是1980年建造的吗？”他问道。

“是的，正是那一年建造的。”老姨母回答。

“这所房子。设计真美，建筑也好，室内也宽大。你知道现在的房子都不这样建筑了。”A君说。

“你说得很对，”老姨母赞同道。“如今的年轻人都不讲究住好看的房子。他们只要有几小间住室，一台冰箱，再有一辆汽车，可以坐着出去兜风就满足了。”

“这是一所梦想中的房子。”老姨母柔声颤动的说，“这房子是基于爱建造的。我丈夫和我在未盖这房子前已经梦想了许多年。我们并未请建筑师，完全是我们自己设计的。”

老姨母领着A君到各房间去参观，A君对她一生所珍爱收藏的各种珍品如法国床椅、英国茶具、意大利名画、法国某城堡悬挂过的绒帷，都恳切地加以称赞。

她领A君看完各屋之后，又领A君出来到车库，那里放着一辆很新的派克牌汽车。

“我丈夫在去世前不久买的这辆车，”她柔声说，“我从他去世以后就没有坐过……你既然喜爱美丽的东西，我打算把这辆车送给你。”

"不，姨母，你使我吃惊，我感激你的仁慈，但是我不能接受你的赠予。我有一辆新车，而且你还有很多更近的亲友可以赠给他们。"

"更近的亲友！"她喊道，"是的，我倒是有亲友，他们全在盼我死了好得这辆车子呢。但是我偏不让他们得到。"

"假如你不想赠给他们，你还可以把车出卖呢。"A君说。

"出卖？你想我会卖掉这部车吧？你想我能甘心看陌生人坐着这辆车在街上走吗？它是我丈夫特意为我买的，我绝不能卖掉它，我一定要送给你，因为你懂得珍爱美的东西。"

我们可以想像，这位老太太，只身住在一所大房子里，披着派斯莱的披肩，对着法国的古玩，回忆她往年的幸福事，渴望得到别人一点认同。她当年美丽动人，她曾建造了一所作为爱情纪念的房子，并从欧洲搜集许多艺术品来装饰那所房子，现在临到风烛残年，她渴望得到一点人间温暖，一点真心的赞美——但却没有一个人给她。于是当她一旦找到她渴望的东西，便像沙漠中寻着了甘泉，她的感激之情，并非只是把一辆新的派克牌汽车赠给这个人所能表达出来的。

还有一个例子，是发生在纽约园艺风景设计家麦玛宏身上的。

麦玛宏听过"怎样获得朋友并影响众人"的讲座之后不久，去为某著名法官家里设计园景。那位法官出来告诉麦玛宏他想在那里种杜鹃花。麦玛宏对法官说道："法官，你有一种可爱的癖好。你那几条漂亮的狗，都很可爱，我晓得你曾得过很多赛狗大会的蓝丝带优等奖状。"

这几句赞美的话，得到惊人的结果。那位法官答道："是的，我实在喜爱养狗，你愿意来看我的犬舍吗？"于是这位法官花了一小时之久领麦玛宏去看他的狗，以及所得的许多奖状，他甚至把育狗的系谱图也拿出来，为麦解释每条狗的血统，怎样可以生出漂亮伶俐的狗来，最后他问麦道："你有小孩子吗？"麦回答："有。""他不喜欢有只狗吗？"麦说："哦，他一定爱之如狂。"那法官说道："好极了，我一定送给他一只小狗。”

于是，法官开始告诉麦对小狗如何喂法。他略停了一下说道：“这样告诉你，也许容易忘了，我替你写下来吧。”那位法官回到屋里，用打字机把小狗的食谱和喂法都很清楚地打出来，然后他给麦一条价值一百多美元的小狗。这一切都源于麦玛宏曾诚恳地赞美了他的癖好与成绩。

真诚地赞美别人，最能得到别人的心，赞美是人与人之间一道有益的桥梁，灵活运用，一定会给你带来意想不到的收获。

伊斯特曼发明了透明胶片，因此他发了财，并且成为世界上最著名的一个商人。虽然他已经得到如此伟大的成就，但他仍然像所有人一样渴求别人称赞。这里就举一件事来证明。

多年前，伊斯特曼在罗茄斯塔城捐造“伊斯特曼”音乐学校及“凯伯恩”剧院以纪念他的母亲。纽约优等坐椅制造公司的经理阿德姆森想得到代制该剧院坐椅的定货合同。他就和伊斯特曼约会见面。

阿德姆森到了那里，一位工程师说道：“我晓得你是想办理坐椅的合同。但是我要告诉你伊斯特曼工作极忙，你打扰他的时间若超过五分钟，便不会有好处，他的脾气很大，事情很多，所以我劝你说完你的来意赶快走。”阿德姆森决定听从工程师的建议。

阿德姆森被引进办公室去，看见伊斯特曼正埋头于桌上堆积如山的文件之中。伊斯特曼听见有人进来，抬起头，取下眼镜，向工程师及阿德姆森走来，说道：“早安，先生，我可以帮你做点什么？”

工程师介绍之后，阿德姆森便说：“伊斯特曼先生，当我在外面等着见你的时候，我很羡慕你的办公室，假如我有这样的办公室，我一定也会很高兴在里面工作，你知道我是一个木器商人，从来不曾见过如此漂亮的办公室。”伊斯特曼答道：“你使我想起一件几乎忘记的事。这房子很漂亮是不是？当初刚一盖好的时候我极喜欢它，但是现在，因为有许多事忙得我甚至几个星期坐在这里也无暇看它一眼。”

阿德姆森走过去用手摸摸壁板，说道："这是英国橡木的，对吗?和意大利橡木稍有不同。"伊斯特曼答道："对了，那是从英国运来的橡木。我的一个朋友懂得木料的好坏，他为我挑选的。"随后伊斯特曼领阿德姆森参观屋内他自己当初帮助设计的房门配置、油漆颜色雕刻工艺等等。

当他们在室内夸奖木工时，直到窗前住了脚，伊斯特曼和蔼地表明要捐助罗茄斯塔大学、公立医院等机关一些钱，尽点心意。阿德姆森热诚赞扬他这种慈善义举的心肠，伊斯特曼随后又走去打开一个玻璃匣，取出他从前买的第一架摄影机——是从一位英国发明人手中买来的。

阿德姆森又问他当初是怎样开始在商业上奋斗的，伊斯特曼很感慨地述说他幼年的困苦，他的寡母开一家小店，他在保险公司当小职员，一天仅挣五角钱。因迫于饥贫，他立志要刻苦奋斗，多赚钱，免得老母终日操劳。阿德姆森又找些问题出来，静听他讲怎样守着干玻璃板做试验，他说曾在一个地方终日工作，有时夜里做试验，化学品还在起着作用，他仅能偶尔小睡片刻。有时他连工作带睡觉穿着一件衣服三天三夜也不曾脱下来过。

阿德姆森从上午十点一刻走进伊斯特曼的办公室，那位工程师曾警告他最多只能留五分钟，但是一个钟点、两个钟点都过去了，他们还在滔滔不绝地谈着。

最后伊斯特曼对阿德姆森说道："上次我去日本，在那里买了一个能自己回家漆油漆的椅子，在阳台上，日子一久阳光就把漆给晒退了，我才到商店里买了一桶油漆回家，自己动手把椅子上退的漆重新漆上，你想看我自己油漆的成绩吗?好极了，就同我回家去吃中饭吧，我给你看看。"

饭后，伊斯特曼把从日本带来的椅子拿给阿德姆森看。那椅子只不过值1.5美元，而伊斯特曼虽富有千万，却对那椅子异常满意，只因为它是他自己油漆的。

凯伯恩剧院的坐椅定货价额共计9万元。你猜会是谁得到了定货的合同——阿德姆森或是别人？

从那时直到伊斯特曼去世，伊斯特曼与阿德姆森都是最好的朋友。

赞美是人与人交往的一流台词，学会了它，也就学会了口才学的一半。赞美的话最能“笼”心人，你在肯定别人的时候，也就得到了别人的肯定。做“现实”的人，就要学会适时地赞美别人，因为这种“付出”的收益是任何其他东西都无法比拟的。

8. 谈论对方感兴趣的话题

能说会道的奥妙其实就在于投其所好，谈论别人感兴趣的事。如果你滔滔不绝地说着自己的话，而没有注意到对方已经厌烦得直皱眉头，那么你的交际就是失败的，不仅达不到目的，反而会让人产生反感。

从美国总统罗斯福的传记中我们可以知道，每一个拜访过罗斯福的人都会惊讶他何以全知全能。无论是牧童、农民、劳工，还是政治人物、商业巨子，都能和罗斯福谈得很投机，这中间到底有什么秘诀呢？

其实说来很简单，罗斯福深知获取人心的捷径，就是谈论对方感兴趣的事。他无论接见任何人，不管那个人地位高低，在前一晚肯定要预先阅读对方有兴趣的谈话资料。因此，所有见过他的人，无一不对罗斯福有好评。

当然，不单是政治人物，就算是个推销员，也应该知道怎样才能投顾客所好。例如，有位汽车推销员，为了卖出手上的进口高级车，专程拜访了一位企业家。可是一见面他并不谈卖车的事，反而先拿出了儿子的集邮册，原来他儿子与企业家的儿子是同班同学，他知道企业家为了替儿子搜集邮票，总是不辞辛劳，乐此不疲。他用这件事当话题，两人很快就有了共同语言，并且谈得很投机，最后在快要告辞时稍微提了一下车子的事，当然就顺利卖出了。

投其所好，其实也是有技巧的。这就要求你必须学会察言观色，知道对方内心真正感兴趣的事。以下几个例子，可以给你提供参考。

有位白手起家的企业家，任何赚钱的生意他都有兴趣去做，别人来为他出点子赚钱，他一概欢迎。但是到了晚年，他的好利之心忽然成了好名，这种微妙的心理转变，根本没有几个人知道。有些他以前的朋友，还用老办法来找他，结果败兴而归不说，还被这位财阀视作“好利之小人”，永远不让他们再登门。

与之相对，社会上也有人不识时务，对一些好利之人万般劝说，想让他们做点善事，以博取好名声。像那种募捐方式，本来就是缘木求鱼，因为他们对“名”根本是不屑一顾。对这些人若不能动之以利，他们怎么能甘愿付出呢？

前面这两种人要投其所好并不易，但最难的还是那些伪君子。他们表面好名，但你若真以此为题，他们就会把你当作书呆子，表面上尊重，实际上疏远。可是如果你对他讲利，虽然能说中他的心意，但为了维护虚伪的形象，反而会申斥你一顿，骂你污辱他的人格。这种人暗地里采用你的建议，却不会对你有所尊重。

对付这种表里不一的伪君子，当然不能撕破面皮，而要直指他的心，先来讲上一段大道理，再轻描淡写地指出主题。彼此若能心照不宣，这种沟通便能达到你想要的结果。所以找话题要投其所好，但不要呆板地正面去投其所好，要记住，侧面的投其所好往往更为有效。

有一位大学刚毕业的法律系学生，因为律师考试未能通过，只好在一家法律事务所当职员。按公司规定，在试用一个月期间每个人都要拉到一家新客户。可是他刚离开学校不久，又没有任何背景，每次去拜访一些陌生的客户，不是吃闭门羹，就是要他回去等消息。

眼看一个月的期限快到了，他已经是心灰意冷，打算另谋出路。没想到这个时候奇迹出现了，他不但开发出一个新客户，而且还借着这个客户的引荐，一连吸收了十几家新客户。他不但因此被晋升为正式职员，薪水也连跳了好几级，成了该事务所的“超级营业员”。

那么，这个新人到底是凭着什么本领，找到他生命中的“贵人”呢？以下内容是他的自述：

“当天，我愁眉不展地踏入那家公司，到了门口的时候，我想到以前几次的闭门羹，就更加踌躇不安。忽然，我看了公关主任桌上的名牌，我想到我有办法了。

“原来这位主任的名字蛮奇怪的，竟然叫做‘万俟明’，而我恰好又很喜欢看传统小说，以前在看《说岳全传》时，书中有个坏人的名字就叫‘万俟’，这个人与秦桧勾结，害死了岳飞父子。

“我看《说岳全传》时年纪还小，一看到‘万俟’三个字，就不知道怎么读，所以我特地查了字典，才知道这三个字的读音（万俟作为姓应读作mòqí）。

“当时我一眼看见这人的名片上写着‘万俟明’，我就礼貌地向前称呼他：‘万俟先生，我是××法律事务所的职员，今天特别来拜访您。’

“你想不到我这句话有什么反应，我才说完，对方就吃惊地站起来，嘴里结巴着说：‘你……你…你怎么认识我的姓，一般人第一次都会念错，大部分人都叫我万先生，害得我总是解释一次又一次，烦死了。’

“我听了以后感觉这次拜访似乎会有个好的开始，于是我接着说：‘这个姓是复姓，而且又很少见，想必有来源的吧！’

“对方听到这里，更是显得神采飞扬，高兴地说道：‘这个姓可是有来由的，它原是古代鲜卑族的部落名称，后来变成姓氏的拓跋氏，就是由万俟演变而来的。’

“我看到对方越来越高兴，于是接口问道：‘那您就是帝王之后，系出名门了！’

“那位万俟明先生听了后更加高兴地说下去：‘岂止是这样，这个姓氏一千多年来也出了不少名人，例如，宋代有个词学名家叫万俟永，自号词隐，精通音律，是掌管音律的大晟府中之制撰官，另外写了一本书叫《大声集》。后人都尊称他万俟雅言。'……

"用这个少见的姓氏做话题，我和那位公关主任聊了起来，尽管我并未说明来意，更没谈什么细节，但光凭这次愉快的交谈，就让我开发出一家财团做客户。而这家财团旗下所有的关系企业，全都与事务所签下了合约，聘我做他们的法律顾问，为我们事务所增加了前所未有的业绩。"

和人初次见面很难知道对方在想什么，所以要善用机会，寻找话题。像刚才说话的那个年轻人，明知自己知道"万俟"这个字的读音，是来自说岳传中的那个奸臣万俟。可是为了投对方所好，故意装糊涂，让对方去吹嘘他姓氏中那些光荣的历史，从而为未来的生意，奠定了一个成功的基础。

和别人交谈，灵活地投其所好，去寻找他感兴趣的话题，是非常必要的，这样来应对你的同事和朋友会更为有效。

9. 要会说善意的谎言

有些时候，说出事实很容易伤害他人，而且没有什么实际效果，这时我们说话要讲点“策略”，可以适当地说点“谎话”。因为有时候，谎言确实比真实更中听，更有效果。

美国人霍特一生耿直，憎恶在人际交往中有任何作假。为此，他在五十年生命旅途中付出了沉重的代价。他痛苦地发现，自己竟找不到一个可以倾心交谈的人，连妻子和儿女也离他远去。霍特只能把自己的新想法写在日记中，念给自己听，霍特这样说道：“我到今天才相信，人与人相处是没有绝对诚实的。有时候，适当的假话和假象更能促进友谊和爱情。”

霍特的经历是人类多少年来困惑的缩影。我们提倡人与人之间应该坦诚相待，但发现坦诚会使人在许多时候碰得头破血流。只是为了维护我们心目中一种虚幻的纯洁，我们才固守那份“真诚”。霍特不再需要自幻，所以他把人类长期羞于启齿的隐秘说了出来：许多时候，交际并不需要真实。

在特定的情况下，善意的谎言同样美丽，因为它源于我们的善良和友好。

张先生的一位朋友，是一家医院的主治医生，一天他们正在一起吃晚饭，朋友的电话突然响了，原来是值班医生说刚刚送进一个重病人，朋友二话没说，放下筷子就跑了出去，张先生也随他一同赶到医院。

来到医院，见到伤者吓了张先生一跳，原来伤者除了膝盖以下几乎体无完肤，并且全身是血，发出令人惊恐的喊叫声。病人的意识模糊、眼神呆滞，好像快要死了，张先生见到他的样子，觉得救治的希望很小，心想："这个人还能救得活吗？"不料他的这位医生朋友这时打了病人一巴掌，大声喝道："坚强一点！这一点伤算得了什么！我马上就会把你治好的，你一定要撑下去。"

医护人员立即将伤者抬到了手术室，大约过了一个半小时之后，张先生的朋友从手术室走了出来。他便问朋友："你见到伤者时，你真的以为这样的伤算不了什么吗？"朋友说："当时，我心中的第一个念头是'糟了，他恐怕是没救了，因为大量出血，腰也扭断了。"'"那么你不是在说谎吗？""是啊，医生是不应该说谎的，但有时却不得不如此，我感到很为难。"张先生的朋友接着告诉他，"我认为圆谎是一名医生应该具备的条件之一，像刚才的情形，如果我老实说：'哇，这么重的伤，一定没有救了'，他大概会当场就死去。话又说回来，这也是为了伤者好，所以医生为了救患者的病不得不说谎。"第二天，张先生打电话向朋友询问伤者的情形，幸运的是伤者逃过了死亡的一关。如果按常理看医生的说谎，显然委屈了医生，在特定的情况下，说谎反而于事有益。

谎言，在人际交往中几乎是不可缺少的，有些人宣称自己从来不说假话，这句话本身就一定是假话。当我们得知亲人病重，当我们获知朋友遭难，我们就时常会说一些与实际情形完全不符的假话。从这个意义上看，世界上没有不说假话的人。许多假话在形式上与人际间真诚相处不相一致，但在本质上却吻合于人的心理特征和社会特征。人都不希望被否定，人都希望猜测中的坏消息最终是假的，为了人们许多合理的愿望暂时不至于落空，谎言就开始发挥作用。

其实，真正能说好假话并不比说真话容易，首先我们应消除对谎言的偏见和罪恶感，这样，我们才能把假话说好。说假话有两条规则：

其一，其实假话是无法真实时的一种真实。当我们无法表露自己的真实意图时，我们就选择一种模糊不清的语言来表达真实。当一位女友穿着新买的时装，问我们是否漂亮，而我们觉得实在难看时，我们便开始用模糊的语言，回答说："还好。""还好"是一个什么概念，是不太好或是还可以？这就是假话中的真实。它区别于违心而发的奉承和谄媚。

其二，假话合情合理。这是假话得以存在的重要前提，许多假话虽然明显是与事实不符的，但因为它合乎情理，因而也同样能体现我们的善良、爱心和美好。经常有这样的事情：妻子患了不治之症，不久就要死去，丈夫为之极感颓丧。他应该让妻子知道病情吗？大多数专家认为：丈夫不应该把事情的真相告诉她，也不应该向她流露痛苦的表情，以增加她的负担，而应该使妻子在生命的最后时期尽可能快活。当一位丈夫忍受着即将到来的永别时，他那与实情不符的安慰反而会带给我们感动。再比如，当我们应邀去参加庆祝活动前遇到不愉快的事情时，我们必须把悲伤和恼怒掩饰起来，带着笑意投入欢乐的场合。这种掩饰是为了礼仪需要，怎能加以指责？

只要我们心存真实，假话就是美丽的谎言。它是在善意基础上交际的必要策略。这同丑恶的假话，同以不可告人为目的编造出的假话相比，两者有着本质的区别。

第六章　木秀风摧，行高众非——做人不能太张扬

有些人看起来很“聪明”，涉世未久便小有成就，于是便沾沾自喜起来，到处跟人吹嘘，大有地球离了他就不会转的架势。殊不知“木秀于林风必摧之，行高于人众必非之”，一旦你流露出得意的神色，必然遭到众人的质疑，从而导致刚刚萌芽的事业很快陷入失败的沼泽。古代有“功高盖主”的说法，讲的也是这个道理。如果你的能力比你的领导还强，必然引起领导的不满，想方设法将你打压下去才肯罢休。所以，越是有本事的人，往往处世就越低调，他们善于把自己的聪明才智隐藏起来，等到关键的时候才拿出来一展身手，一鹤冲天，这才是大智慧。

1. 居功自傲是愚蠢的行为

纵观古今历史，有不少功高盖主的人。这些人首先是一些聪明人，因为能成就如此功业，笨蛋、傻瓜是做不到的。但同时，这些人也是愚蠢的，蠢就蠢在他们张扬，不懂得韬光养晦的道理。

对于许多聪明人来说，人生的最大害处不在外部，而在自己。一旦做出一番事业，就难免要居功自傲，而这样做的下场往往比无所作为的人更惨。所以，一个有修养的人应该知道居功之害。因此做人要注意，不论任何好事，都要守住自己的本分，绝对不可以功高盖主，否则轻则招致他人怨恨，重则惹来杀身之祸。

自古以来，如果能与别人共同拥有完善名节，就可以避免意想不到的别人的加害。否则，一味的自以为是，把荣誉都揽在自己怀里，必然招致众人的嫉恨，引来杀身之祸。

汉代时晁错自认为其才智超过文帝，更是远远在朝廷诸大臣之上，并且暗示自己是五帝时期的佐命大臣，想让文帝把处理国家大事的权力全部委托给自己。这正是功高盖主的表现。唐宣宗初即位，看到功高权重的李德裕，心里忌惮，很不平衡，以至头发被汗水浸湿了，这与汉大将军霍光为汉宣帝护卫车乘，而宣帝严惮心畏，像有芒刺在背有什么区别？功劳高了，人主震慑，这样的功臣当然会有自我矜傲的表现，因此也就离祸患不远了。

韩信可谓功高盖世，但因为其声名显赫位高盖主，最终也下场可悲。

秦末韩信从项梁、项羽起义，为郎中。其献策屡不被采用，投奔刘邦，被萧何荐为大将。楚汉战争时，他明修栈道，暗度陈仓，出奇兵占领关中。后来，刘邦与项羽相持于荥阳、成皋间，韩信被委为左丞相，领兵破魏、代，平定赵、齐，被封为齐王。后与刘邦会师于垓下，击灭项羽。汉朝建立，改封楚王。因受人诬告谋反，降为淮阴侯。后来，又有人告韩信参与叛乱，欲起兵长安，被吕后诱杀于未央宫。

从韩信之死来看，功臣的后路极难自保。联想到这种功高盖主的功臣，如果再有什么居功自傲的表现，恐怕就得不到安宁了，弄不好就会招来灾祸。

如何使自己避免功高盖主以求自保呢？有人总结出如下几条：

（1）要守法

从历史上看，循吏最易保全。在《史记·循吏列传》中，司马迁所说的循吏，就是遵循法规、忠实执行命令、能知时务识大体的臣子。后世人以为，只有慈宥仁惠、和善愉快、以仁义为准则的官吏，才称得上“循吏”，那就大错特错了，首先应该是遵守法令，严格地约束自己，这才是循吏的作为。

（2）不参与

不参与，即不把自己的私利参与在自己所执掌的权力中去加以实现。《论语》中有“巍巍乎，舜禹之有天下也，而不与焉”。即舜和禹真是很崇高啊，贵为天子，富有四海，但一点也不为自己。把自己的私利参与在政事之中是很不廉洁的举动，似乎可得一时之利，但最终为人们所厌恶，他的功劳再多、再大也终会抵消。

（3）不长久

古人云：“日慎一日，而恐其不终。”如果身居高位，应当一天比一天更谨慎，这如同行走在危险的高崖之上，爬得越高摔下来死得越惨。但即使自己注意了，能得到善终的人也太少了。所以，位置越高，权力越高，怀疑猜忌的人越多，不可不防，不可不早做撤退的打算。

（4）不胜任

古人云：“懔乎若朽索之驭六马，栗栗危惧，若将殒于深渊。”即身居高位所面临的危险惊心动魄，就像以腐朽的缰驾驭着六匹烈马，万分危惧，所以千万不要居功自傲，要时时谦让，功成身退，可得善始善终。

（5）不重兵

在古代，功高的臣子如果能够主动交出兵权，威胁就减少了，所以“不重兵”，就是自我裁军，就是对君主的以求自保的意思。

（6）多请教

孔子说，三人行必有我师。作为你的上司，他必然有其独到之处，所以在做事之前一定要主动向他请教，探听他的意见，这样在办事时就有所凭借，既能保全自己，又显示了你的谦虚。

2. 功成身退，见好就收

俗话说："君子好名，小人贪利"，人一旦为名利驱使，往往身不由己，只知进，不知退。尤其是在政治舞台上，不懂得功成身退，见好便收，无疑是临渊纵马，非把自己摔个粉身碎骨不可。

纵观中国历史，那些身居高位，都不知激流勇退，结果不得善终的例子实在是数不胜数。

汉光武帝时期，五溪一带的蛮人反汉。新息侯马援已经八十多岁了，还在皇帝面前"据鞍顾盼"，以表现自己的英雄气概。光武帝对他大加赞赏说："老将军真是神勇不减当年！"于是，任他为将，领兵平叛。最后死于军中，还真应了他自己的话："男儿当马革裹尸而还！"

还有唐代的李靖，他本来是养病在家。这年遇上吐谷浑族侵犯边境。他听说后马上去见丞相房玄龄，对他说："我虽然年迈，但对付夷人尚可，平叛还是没问题的。"但不料平叛归来后，却遭受别人的陷害，差一点招来杀身之祸。到唐太宗伐辽时，征求他的意见，他还说："我现在虽然年老体衰，如果陛下不嫌弃，我照样可以披甲出征"。

郭子仪八十多岁还任关内副元帅，朔方、河中节度史。实际上他早已功成名就，该自动让位给后人了，可他一直不求身退，最后的结局是让德宗给罢免了。

明哲保身，激流勇退，并非做事保守，而是一种谨慎。

《史记》中记载：战国时代的范雎本是魏国人，后到秦国。因向秦昭王献远交近攻的策略，深得昭王赏识，被升任为宰相。后因他所推荐的郑安平与赵国作战失败，使他意志消沉。按秦国法律，只要被推荐人出了纰漏，推荐者也要受连坐处分。但是昭王并没问罪范雎，这使他心情更为沉重。

秦昭王为刺激范雎再振作起来，为国效力，对范叹气道："现在内无良相，外无勇将，秦国的前途实在令人焦虑呀。"可范雎心中另有所想，因而误会了秦王的意思，感到非常恐惧。恰在此时，蔡泽辩士来拜访他，对他说道："四季的变化是周而复始的。春天完成了滋生万物的任务后就让位给夏；夏天结束养育万物的责任后就让位给秋；秋天完成成熟的任务后就让位给冬；冬天把万物收藏起来又让位给春……这便是四季的循环法则。如今你的地位，在一人之下，万人之上，日子已久，恐有不测，而应让位他人，这才是明哲保身之道。"

一席话惊醒了范雎，他立刻引退，并且推荐蔡泽继任宰相。蔡泽就职后，也为秦国的强大作出了重要贡献。但当他听到有人责难他后，也明智地舍弃了宰相宝座而做了范雎第二，从而不仅保全了自己的晚节，也表现出大公无私的精神风貌。

功成名就、官显位赫后，人事会停滞，人心会倦怠，业绩也不会进展。应立即辞去高位，退而赋闲。否则，就有可能因芝麻小事而被问罪，遭到晚节不保的厄运。

范蠡是越王勾践的谋臣，他曾与以"卧薪尝胆"出名的越王勾践一起同甘共苦，最终打败吴王，他因此被勾践任命为大将军。然而，就在范蠡位极人臣，一人之下，万人之上的时候，他却留下了"官大有险，树大招风"的话而销声匿迹了。据《史记》载，他后来到齐国，与儿子共耕农园，积聚田产数十万。齐王看中他的才华，欲请他出任宰相，他却答道："在野有千金之财，在位有宰相之名，对平常人来说，这是至高无上的荣耀了，然而过度的荣华却容易形成祸根。"说完，便将财产分赠邻人，搬到陶地去住，改名陶朱公而经商。

与范蠡形成鲜明反照的是同一时间、同一空间的另一位历史人物文种。文种也是勾践的重臣，为打败吴国立下了汗马功劳。他功成名就以后，仍然继续仕于越王。其间范蠡曾写给他一封信说："飞鸟尽，良弓藏，狡兔死，走狗烹。越王的长相，颈项细长如鹤，嘴唇尖突像乌鸦，这种人只可以与他共患难，却不能同享安乐，你现在不离去，更待何时？"意思是劝他功成身退，不要贪恋富贵。但是文种没有听从好友的劝告，他觉得自己为越王立下了不世之功，理应享受一下。

后来，文种也称病返乡，但做得不如范蠡彻底，他留在越国，其名仍威慑着朝野，于是便有佞臣陷害于他，诬称文种欲起兵作乱。越王也有"走狗烹"之意，故而以谋反罪将文种赐死。

老子曰："功成、名遂、身退，天地之道。"这句话精辟地概括了为人处世之道。总结古人经验，想想自己，当面临同样的事情的时候，就不难做出选择了。

3. 张扬个性要懂得节制

个性的形成，既有先天的因素，也有后天的因素，我们需要个性来凸显自己。但是，不恰当地张扬个性，对自己非但无益，反而有害，尤其是在社会生活中，其危害更深不可测。

“现实”的人要知道，在人群中富有个性，非常之不好。你把自己暴露在众目睽睽之下，赤裸裸地毫无遮掩，这无异把肉放在砧板上，让人家想怎么剁就怎么剁，这不其蠢无比吗？是的，这是一种十分愚蠢的行为。你把自己暴露在你毫不知晓的各色人等面前，你不知道他们是些什么人，你不知道他们在怎么想，你也不知道他们将怎样做，你毫无遮掩，你自己置身在他人的十面埋伏之中。如果你知道他们是些拿枪使刀的人，耍弄权谋的人，心怀叵测的人，小人，蠢人，宰狗杀猪的人，街上耍赖的人，心很黑的人，你的感觉又将如何呢？难道不会汗毛倒竖，内心发虚吗？

很多人不知道处世凶险和厉害，青年人尤甚。他们喜欢我行我素，我讲我话，率性而为，极力标榜自己的个性，欲与他人不同，而且似乎生怕别人不知道他们那些很个性化的东西。这样，他们便把自己张扬成了诸如嬉皮士、卡通一代那样的人物，个人很过瘾，有时还能成为文化和艺术，不亦美哉！不过，并非全都如此得意，因个性十足而吃亏上当、遭人宰杀的更比比皆是。三国时的才子祢衡就是其中一例。

祢衡年少才高，目空一切。二十多岁时便跻身在名士权贵之中。但是祢衡很瞧不起那些人，把他们视为酒囊饭袋、行尸走肉。祢衡眼下，举世无才。

汉献帝初年间，孔融上书荐举祢衡，大将军曹操欲召见他。祢衡不知道天高地厚，出言不逊。曹操心中不快，最后给他封了个击鼓小吏，以羞辱他。祢衡也因此更嫉恨曹操。一次曹操大会宾客时，让祢衡穿鼓吏衣帽击鼓助乐，祢衡竟当众裸身击鼓，以羞辱曹操，扫他们的兴。曹操对之深恶痛绝，但曹操聪明，不愿杀祢衡而脏了自己的手。他把祢衡送给荆州牧刘表。

不久，祢衡又因倨傲无礼而得罪了刘表。刘表也聪明，不杀祢衡，把他打发到江夏太守黄祖那里去。他在黄祖那里，仍是率性如前。一次，祢衡竟当众顶对黄祖，骂他“死老头，你少啰嗦！”黄祖气极，一怒之下把他杀了。

祢衡死时只有26岁。祢衡的杀身之灾，全因他的才气和性情所为。人有才情，本是天赐良物，正好周济众生。祢衡却相反，恃才傲物，因情害事，不知天下大于人才，权柄重于才情。最终唐突权贵，以身涉险，终被人杀。这是极使个性、才情而不得善终的一个典型事例。

从祢衡只知个人使性，不知社会他人来看，祢衡的所谓才智是十分有限的。才智，除自身的审美和创造外，也包括对他人和环境的审视、知晓和防范，以至利用。而不是糊里糊涂地，以一己之小暴突世界之大，最终横遭不测。

从根本上说，社会是消弭个性的。跟他人在一起，要收敛个性，不要只图自己想干想说，好干好说，要多从他人的角度，想想他人又会怎样想，他人又会怎样说，他人欲将怎样做，这样才不致四面树敌，让自己丧于他人之灾的浪潮之中。

记住，别人都站着的时候，你不要一个人坐着！尽管这样成熟而富有城府地处世为人，会让你失去很多性情上的乐事和人生的潇洒，但却可以让你的人生之路走得更稳、更健。

4. 心可张扬，但神不可张扬

“现实”的人应该知道，做了一件成功的事，心里可以高兴，为自己加油鼓励，再接再厉，但是神态却不能表露出来，因为一旦表露出来，就成了骄傲，成了炫耀，不仅让别人看了不舒服，自己也觉得别扭。

中国人受儒家传统文化影响深厚。“知之为知之，不知为不知，是知也。”以及“谦虚使人进步，骄傲使人落后”……这样的格言、警句多如牛毛。他们说的都是对待荣誉的看法，在荣誉面前保持平和，才会有更大的进步，也不会影响到别人，特别是没有成就的人的感情。

不仅中国如此，国外也一样。美国科学家富兰克林说过：“缺少谦虚就是缺少见识。”英国哲学家斯宾塞认为：“成功的第一个条件是真正的虚心，对自己的一切敝帚自珍的成见，只要看出与真理冲突，都愿意放得下。”法国思想家孟德斯鸠说：“我从不歌颂自己，我有财产、有家世，我花钱慷慨，朋友们说我风趣，可是我绝口不提这些。固然我有某些优点，而我自己最重视的优点，即是我谦虚……”可见，谦逊是我们人类共同珍视的美德。

爱因斯坦由于创立了相对论而声名大震。据说有一次，他9岁的小儿子问他：“爸爸，你怎么变得那么出名？你到底做了什么呀？”爱因斯坦说：“当一只瞎眼甲虫在一根弯曲的树枝上爬行的时候，它看不见树枝是弯的。我碰巧看出了那甲虫所没有看出的事情。”

谦虚不仅是成功的要素，它与内心的平静也是紧密相连的。我们越不在众人面前显示自己，就越容易获得内心的宁静，这样，就容易引起别人的认同，得到别人的支持。

过度显示自己是一个危险的、十分可怕的陷阱，而且，这个陷阱是我们亲手挖掘的。它会使你把大量精力放在显示成果、自吹自擂，或试图让他人信服你的个人价值方面。而这通常会使你骄傲自满，把荣誉当做自我欣赏的装饰品，冲淡你的成就。

其实，自高自大也是不“现实”的一种表现。很多人稍稍有一点可怜的成就，就耳朵不灵光了，眼睛也花了，路也不会走了，因为他开始自我膨胀、发烧了；自以为写了两篇文章就成了作家，演了两部电影就成了电影明星，唱了两首歌就成了歌星……这是很危险的，失败的命运正在前面等着。

一个人的成就再伟大，也只是相对于个人而言，在我们所生存的这个宇宙之中，没有什么不是渺小的。如果你在某一方面取得了一定的成绩，你不应该过于看重它，因为它已成为你的历史。不要留恋你的影子——哪怕它很辉煌，但它毕竟只是虚无缥缈的影子而已。要知道，当你望着你的影子依依不舍的时候，你正好背离着照亮你的太阳。

有可能，你所自鸣得意的事，正好是受人奚落的短处，就好像口袋里装着一瓶麝香的人，不会到十字街头去叫嚷，让所有的人都知道自己口袋里的东西，因为他身后飘出的香味已说明了一切。

真正“现实”的人是决不会滥用优点和荣誉的，他不会等待着去享受荣誉，他会继续努力去做那些需要去做的事。正如俄国科学家巴甫洛夫所谆谆告诫的：“决不要陷于骄傲。因为一骄傲，你们就会在应该同意的场合固执起来；因为一骄傲，你们就会拒绝别人的忠告和友谊的帮助；因为一骄傲，你们就会丧失客观方面的准绳。”

况且，让事情更糟的是，你在得意时越夸耀自己，别人越回避你，越在背后谈论你的自夸，甚至可能因此而怨恨你。同时，骄傲的人必然妒忌，他喜欢见那些依附他的人或谄媚他的人，而对于那些以德性受人称赞的人会心怀嫉恨的，结果，他就会失去内心的平静，以至于变成一个狂人。

相反，你越少刻意寻求赞同、越少刻意炫耀自己，你却会获得越多的赞同和欣赏。要知道，在日常生活中，人们更留心那些内向、自信，不时时表现自己的正确与成绩的人。大部分人都喜欢那些不自夸的、谦逊的人，因为他们总把自己藏在内心，而不是表现为自我主义。

当然，真正学会谦逊是需要实践的。这是件很美的事，因为你在平静轻松的感觉中会立即获得内心的充实。如果你的确有机会自夸，那么，尝试着去尽力抑制住这种欲望吧，这将使你受益无穷。

有一个人在被提职后的几天里，与朋友们聚了一次。朋友们都不知他提升的消息，他很想把这个好消息告诉大家。而且，他与另一个朋友都是被提升的候选人。同为候选人，他和这个朋友之间当然有些竞争，现在的结果是他得到了提升，所以他极想向大家宣称自己被提升而那位朋友没有。可话到嘴边，他隐隐觉得有个声音在说："不，千万别说！"于是他只淡淡地笑了一下，只告诉大家自己被提职，没有提及另一个朋友未被提升之事。

这位是个很"现实"的人，他明白这事不用说大家也知道，说出来反而会影响自己的形象，伤害朋友间的感情。自己在心里庆祝一下又何妨呢？真可谓明智之举。

5. 木强则折，人强则败

一个人功劳再大，如果没有坐上头把交椅，就不能自以为是，否则就会受到上面的猜忌，招来不必要的祸端。适当的“弯腰”，既能满足领导的虚荣心和成就感，又能使自己不成为“出头鸟”而遭“枪打”。

庄子曾经提出“意怠”哲学观点，托言于一种很会“隐忍处世”的鸟，这种鸟虽然自己飞得很高，但从不彰显自己，它善于跟从，别的鸟飞，它也跟着飞，别的鸟傍晚归巢，它也跟着队伍，前进时不争先，后退时不落伍，吃东西时不抢食，因此很少受到同类的威胁与打击。从表面看来，“意怠”的生存方法太保守，但用在做人方面，很多时候却大有裨益。

在中国古代，太子有能力是顺利当上皇帝的一个重要条件。但如果太子能力过强，处处表现自己，却又往往有逼父退位的意思，所以有些太子也常因遭到父皇的猜忌而被废黜。因此，聪明的太子往往能看透这一点，适当地隐藏自己，不招致祸患。

唐代的顺宗李诵在做太子时，豪言壮语颇多，慨然以天下为己任，他曾对东宫僚属说：“我要竭尽全力，向父皇进言革除弊政的计划！”有位幕僚告诫他：“作为太子，首先要尽孝道，多向父皇请安，问起居饮食冷暖之事，不宜多言国事，况且改革一事又属当前的敏感问题，如若过分热心，别人会以为你邀名邀利，招揽人心。如果陛下因此而疑忌于你，你将何以实现自己的抱负？”太子听得如雷贯耳，立即闭嘴黜音。其父德宗李适晚年荒淫而又专制，太子始终不声不响，直至熬到继位，方有唐后期著名的顺宗改革。

老子说：“上善若水，水善利万物而不争。”水因为安于卑下，不争地位，善利万物，所以谁都喜欢它。老子这种与世无争的谋略思想，深刻体现了事物的内在规律，已为无数事实所证明。

看看历史上那些既得善始又得善终的英雄俊杰，无不是在行为姿态上规避风险的大师。而那些风光一时、耀武声威之徒，往往在春风得意之时遭到无情的打击，不仅身首异处，甚至连带亲人受难。

相对唐顺宗来说，清朝的年羹尧就是一个不知深浅的人。他曾经是显赫无比的大将军，但由于恃宠自骄，不知“弯腰”做人，最后落得人头落地的下场，令人扼腕叹息。

雍正皇帝登基之初，对年羹尧备加赏识，几乎到了炽热颠狂的程度。首先命其接替允樾管理抚远大将军印务。年羹尧一直在西北前线为朝廷效力。因平定西藏时运粮及守隘之功，封三等公爵，世袭罔替，加太保衔；因平郭罗克功，晋二等公；因平青海功，进一等公，给一等子爵令其子袭，外加太傅衔。雍正二年八月，年羹尧入觐时，御赐双眼孔雀翎、四团龙补服、黄带、紫辔及金币等等，可以说恩宠到了无以复加的地步。不但年羹尧的亲属备受恩宠，不少家仆也得以“升天”，通过保荐做到道员、副将。

但是，年羹尧面对如此厚恩，不但不知感恩收敛，反而更加得意忘形，更加骄横，他霸占了蒙古贝勒七信之女，斩杀提督、参将多人，甚至蒙古王公见年羹尧都得先跪下，因此他遭到了群臣的愤怒和非议，弹劾他的奏章如雪片纷飞。

内阁、詹翰、九卿、科道合词奏言年羹尧的罪恶“罄竹难书”，于是部议尽革年羹尧的官职。雍正三年十月，命逮年羹尧来京审讯。十二月，案成。此距发端仅有九个多月。议政王大臣等定年羹尧罪：计有大逆之罪五、欺罔之罪九、僭越之罪十六、狂悖之罪十三、专擅之罪十五、忌刻之罪六、残忍之罪四，共九十二款。

雍正三年十二月，雍正皇帝差步兵统领阿尔图，来到关押年羹尧的囚室传旨，年羹尧接旨后即自杀。此案涉及年家亲属及友人，兄年希尧罢官，其子年富立斩，诸子年十五以上者遣戍边关，子孙未满十五者待至时照例发遣，族中文武官员俱革职。

曾经显赫一时的年羹尧，最终落得了自裁的结局，曾经无比风光的过去立马成了过眼烟云，年氏家族也因此惨遭牵连。年羹尧的悲惨结局也只能怪他在封建时代不知进退、不懂“弯腰”的做人处世哲学。前人已矣，我们应该以前人为鉴。

6. 成大事者要懂得"藏巧"

俗话说树大招风，我们在大功重赏面前，或身居高位之后，更要善于"藏巧"。如果锋芒太露，妄自尊大，就难免会功高震主，引火烧身。

《阴符经》说："性有巧拙，可以伏藏。"它告诉我们，善于伏藏是致胜的关键。一个不懂得伏藏的人，即使能力再强、智商再高也难成大事，甚至还会招来杀身之祸。

而伏藏又可分为两层：一是藏拙，这是一般意义上的伏藏，也是最常用的。藏住自己的弱点，不给对方可乘之机；而另一种，也是更高明的——"藏巧"。

一个人智商高、能力强固然是件好事，可以说，这是上天赐予的良好天赋。有了它，便可以在竞争社会中如鱼得水，游刃有余。然而，由于事物的复杂多样，环境的不断变异，在某些情况下，利与弊会不知不觉地转换。"现实"的人必须保持清醒的头脑，了解自己，掌握对方和周围环境，权衡利弊，得势时就发挥智慧，点背时就隐藏智慧，而隐藏智慧就是我们所说的"藏巧"。

下面这两个故事就是"藏巧"的范例。

汉高祖时，吕后采用萧何之计，谋杀了韩信。当时高祖正带兵征剿叛军，闻讯后派使者还朝，拜萧何为相国，益封五千户，再令五百士卒、一名都尉做相国的护卫。

百官都向萧何祝贺，只有陈平表示担心，暗地里对萧何说：“大祸从现在开始了。皇上在外作战，您掌管朝政。您没有冒着箭雨滚石的危险，皇上却增加您的俸禄和护卫，这并非表示宠信。如今淮阴侯谋反被诛，皇上心有余悸，他也有怀疑您的心理。我劝您辞掉封赏，拿出所有家产去辅助作战，这样才能打消皇上的疑虑。”

一语惊醒梦中人。萧何依计而行，变卖家产犒军，高祖果然高兴，疑虑顿减。

这年秋天，黥布谋反，高祖御驾亲征，此间派遣使者数次打听萧何的情况。回报说：“正如上次那样，相国正鼓励百姓拿出家产辅助军队征战呢。”

这时，又有个门客对萧何说：“您不久就会被灭族了！您身居高位，功劳第一，便不可再得到皇上的恩宠。可是自从您进入关中，一直得到百姓拥护，如今已有十多年了，皇上数次派人问及您的原因，是害怕您受到关中百姓的拥戴。现在您何不多买田地，少抚恤百姓，来自损名声呢？皇上必定会因此而心安的。”

萧何认为有理，又依此计行事。

高祖得胜回朝，有百姓拦路控诉相国。高祖非但没有生气，反而高兴异常，也没对萧何进行任何处分。萧何完全站在刘邦的角度考虑问题，从而适时掩藏自己的才能，获得刘邦的信赖，真可谓聪明到家、精明到家了。但是，比起萧何来，王翦却更胜一筹。

战国末期，秦国老将王翦率领六十万秦军讨伐楚国，秦始皇亲自到灞上为王翦大军送行，王翦向秦始皇提出了一个要求，请求秦始皇赏赐给他大量土地宅院和园林。

秦始皇很不明白王翦的意思，不以为然地说：“老将军只管领兵打仗吧，哪里用得着为贫穷担忧呢？”

王翦回答说：“当国王的大将，往往立下了赫赫战功也得不到封侯。

因此，趁着大王还宠信我的时候，请示大王赏给我良田美宅，好作为我的子孙的家产。”

秦始皇听后觉得这点要求微不足道，便一笑了之。

王翦带领军队先进函谷关，心里还惦记着地产的事，接连几次派人向秦始皇提出赏赐地产的要求。

王翦手下的将领们见他率兵打仗还恋恋不忘田宅，觉得不可思议，便问他说：“将军如此三番五次地恳请田宅，不是做得太过分了吗？”

王翦答道：“不过分，秦王这个人生性好猜疑，不信任人，现在他把秦国的军队全部让我统领，我不借此机会多要求些田宅，为子孙今后自立做些打算，难道还要眼看他身居朝廷而怀疑我有二心吗？”

第二年，王翦率领的军队攻下了楚国，俘获楚王负刍。秦始皇十分高兴，满足了王翦的请求，赏给他不少良田美宅、园林湖池，将他封为武成侯。

在大多数的情况下，才不可露尽，力不可使尽。即若有知识，也应适当保留，这样，你会加倍地完善。永远保存一些应变的能力。适时救助比全力以赴更值得珍贵，“现实”的人总能稳妥地驾驭航向。

7. 低调是一种人生智慧

低调是一种古老的智慧！在现实社会中，有不少“聪明”人，他们做事精明，很快就能小有成就，但是他们喜欢张扬，为一点小小的成就沾沾自喜。所以，他们虽然“聪明”，但不具有智慧，所谓“大智若愚，大巧若拙”，真正的大智慧蕴藏在“低调”之中。

在中国的历史上，舜是第一个被称为“大智慧”的人。根据历史记载，舜出生后不久，母亲就离开了人世，后母给他生了一位弟弟“象”。孝顺的舜尽管总是小心地侍奉后母和弟弟，但却遭受了无数次的毒打。最后，实在无法在家里待下去了，舜选择了离家出走，他一个人流落到历山脚下开荒种地。

在清苦的生活中，舜依旧没有一点怨言。他与当地的农夫和山林中的鸟兽生活在一起，他观察周围的事物，一切都是那么温馨和睦。于是舜触景生情，制作了一首首感人的乐歌。他的德行影响了周围所有的人，农夫相互谦让已开垦好的农田，渔民相互谦让自己打鱼的场地，陶匠则做出了更加精美耐用的陶器。舜成为人们学习的榜样，人们从四面八方扶老携幼过来，希望能做舜的邻居。仅仅用了一年时间，他的周围就会聚成村落；然后就扩大为城镇、都市。最后，当时的天子尧将自己的两个女儿娥皇和女英许配给了舜做妻子。这两位聪明美丽的妻子给了舜无穷的力量，使他总能逢凶化吉，顺利地通过了尧对他的能力所进行的考试。最后，尧将天子之位禅让给舜。

舜成为天子，可见他是具有“大智慧”的人。但是，舜的大智慧却没有使用什么心计，事实上，他的“大智慧”都是以“低调”来衬托的。舜从未有意识地去获取民心，也并没有处理任何复杂事务的知识。但是，由于淳朴、坚强、虚心，便保证他最终取得了胜利。

在儒家的思想中，低调的主要内涵就是虚心听取他人意见，对其中不善和有过错的言论能够给以低调的处理。接下来，对于对立两端的不同观点、看法，能够知道最恰当的度量界限在哪里，并利用这最恰当之点即对“中”的把握来治理民众和国家。儒家的低调是一种手段，是一种虚心听取和吸收他人意见的表现。

老子的基本观点是“为学日益，为道日损”，道“不可道”，所以它不能够通过学习的途径为人所把握。人只能够以“无为”——低调的态度来对待道。所以无知与无为之间，在老子是一种直接的联系。所谓“大巧若拙，大辩若讷”。张扬、高调与道是不相干的。低调者与“道”更容易达到浑然合一。

其实，不仅仅是中国的智慧，世界上所有的哲人都指出了这个道理。无论是伊斯兰教的圣人，还是基督教的圣人，无不认为“低调”是最接近智慧的，在通往智慧的道路上，低调是必经之路。虽然说低调的人不一定有智慧，但是有智慧的人一定是低调的。

在这里，我们不仅仅是从人生观上来说低调，其实，低调接近的智慧，不仅仅是使人幸福，使人内心得到安宁，这种智慧还可以运用到实践之中，帮助你完成现实中的事业。按照古代的说法就是，低调是可以“事功”的。现在，我们似乎很相信那种可以直接取得效果的“聪明”，但是不相信“智慧”。其实，智慧要比聪明高明得多，如果你真的有智慧，把这种智慧用在日常的实际生活中，你就会发现，它的作用是聪明完全不能比拟的。

古希腊曾经有一个著名的哲学家，因为当时的人们有轻视哲学家的观念，于是他运用自己的知识，轻而易举地获得了财富，其实他并不需要财富，他只是用自己的例子告诉世人，把“智慧”用在世俗的事物上，可以很轻松地解决所有的问题。有智慧的人之所以不这样做，仅仅是因为他们不愿意这样做而已。这是一个极端的例子，不过我们可以从这里知道一个道理：低调作为一种达到智慧的捷径，如果你正确地把握了它，它可以为你带来“聪明”所不能取得的东西！

如果我们仅仅从人生格调的角度来理解低调，那无疑是局限了它的意义。低调不仅仅是一种使你能够尝试真实生活的人生格调，它同时也是一种战术，也就是说，它是我们实现自己目标的一个手段。低调是需要相当的物质基础和精神基础的，也许在你取得事业的成功之前，“妄谈”低调只是一种讽刺。按照我们通行的说法，在现代社会，低调是不行的，它似乎和这个追求“张扬”的社会背道而驰。其实这种看法是很片面的，即使在唱高调十分流行的今天，成功者究竟也是少数，既然如此，何不尝试一下低调的战术？

低调的战术如果用于商场，其技巧和方法的基本思想就是用“欺骗”的手段暗中行动，将你的企图隐藏在明显的事物中，以达到自己的目的。因为一般人对司空见惯的事物，往往不会怀疑，此计就是利用人们的错觉，来掩盖自己的真正意图。麦当劳的董事长克罗克就是运用低调的手段来获取成功的。

克罗克没读完中学就出来做工，以维持生存。后来，他在一家工厂当上了推销员，生活有了明显的改善；另外，他在推销产品过程中结交了不少朋友，积累了大量有关经营管理方面的宝贵经验。后来，他决定创办自己的公司。

通过市场调查，克罗克发现当时美国的餐饮业已经远远不能满足已变化了的时代要求，必须改革，以适应亿万美国人的快餐需求。但是，克罗克面临的首要问题就是资金问题，对于一贫如洗的克罗克来说，自己开办餐馆根本不可能。

最后，他终于想出了一个好办法，他在做推销员工作时，曾认识了开餐馆的麦克唐纳兄弟，自己可以到他们的餐馆中学习，最后实现自己的理想。

于是，克罗克找到麦氏兄弟，讲述自己目前的窘境，并且恳请麦氏兄弟帮忙，答应他留在餐馆做工。克罗克深知这两位老板的心理特点，为了尽早实现自己的目标，他又主动提出在当店员期间兼做原来的推销工作，并把推销收入的5%让利给老板。麦氏兄弟是喜欢占小便宜的人，他们答应了克罗克的请求。

为取得老板的信任，克罗克工作异常勤奋，起早贪黑，任劳任怨。他曾多次建议麦氏兄弟改善营业环境，以吸引更多的顾客；并提出配制份饭、轻便包装、送饭上门等一系列经营方法，从而扩大了业务范围，增加了服务种类，获得更多的营业收入；还建议在店堂里安装音响设备，使顾客更加舒适地用餐；他还大力改善食品卫生，狠抓饮食质量，以维护服务信誉；认真挑选店堂服务员，尽量雇用动作敏捷、服务周到的年轻姑娘当前方招待；而那些牙齿不整洁、相貌平常的人则安排到后方工作，做到人尽其才，确保服务质量，更好地招待顾客。

克罗克为店里招徕了不少顾客，老板对他更是言听计从了。所以，餐馆名义上仍是麦氏兄弟的，但实际上餐馆的经营管理、决策权完全掌握在克罗克的手中。不知不觉，克罗克已在店里干了六个年头。时机终于成熟了，他通过各种途径筹集到了一大笔贷款，然后跟麦氏兄弟摊牌。起初，克罗克先提出较为苛刻的条件，对方坚决不答应，克罗克稍作让步后，双方又经过激烈的讨价还价，最终克罗克以270万美元的现金，买下了麦氏餐馆，由他独自经营。

第二天，该餐馆里发生了引人注目的主仆易位事件，店员居然炒了老板的鱿鱼，这在当时可以说是一个特大的新闻，引起了巨大的轰动，而快餐馆也借众人之口，深入人心，大大提高了其在美国的知名度。克罗克入主快餐馆后，经营、管理更加出色，很快就以崭新的面貌享誉全美，经过二十多年的苦心经营，总资产已达42亿美元，成为国际十大知名餐馆之一。

克罗克用低调的战术取得了成功，仅以让利5%就轻易打入了麦氏快餐馆，随后通过长时间的潜移默化，对老板的刻意奉迎，换取了兄弟俩的信赖，使兄弟俩认为他处处替自己着想，感到双方利益一致，便自动消除了对他的猜忌，愉快地接受了他的多种建议。经过逐步渗透、架空，老板本已“名存实亡”，最后一场交易，全部吃掉了麦克唐纳快餐馆。

低调的谋略首先就是隐藏自己的目标，使对手对自己不加防备，最后在时机成熟的时候，一蹴而就！

8. 做人不动声色，隐忍能达目的

古人云："隐者，遁于形而藏其锋；忍者，含于劲而蓄其力。"隐忍做人是一种高级智慧的体现。隐藏自己是为了日后的显，忍住个性是为了将来的爆发。当一个人处在劣势时，最好的办法就是暗中蓄力，伺机而动。

做人不动声色，看似容易，实则难极。一个人的本性是极难改变的，稍不留意，你内心的秘密便通过表情和动作流露出来了，这极有可能让你被人看穿，以致前功尽弃。

做人要"现实"，便要做到滴水不漏，让人看不出破绽。

民国骁将蔡锷将军，在与袁世凯斗智中，便把韬光养晦、隐忍成事这一谋略运用得十分娴熟。

袁世凯窃取革命果实后，想拉态度暧昧的蔡锷入伙，便以组阁为由，召其进京。蔡锷明知是调虎离山之计，却毅然离滇北上。面对袁的笼络，他抱着放弃的态度，整天饮酒狎妓，在八大胡同流连忘返。尽管如此，袁仍不放心，每天都要派密探监视蔡的行踪。不久，袁氏称帝，蔡内心作痛却不动声色，也欣然劝进，晓谕部下拥戴帝制。另外，还整天与袁氏帮凶六君子、五财神、八大金刚等人周旋，甚至帮助筹备登基大典。

袁氏疑虑稍减，既而又拿出巨款收买蔡锷。蔡暗中把钱存下以作日后举事经费，表面上更是沉溺于酒色，还经常留宿名妓小凤仙之处，甚至为口角闹到法庭要与夫人离婚。这下子，袁世凯放心了，把密探全部撤掉了。对此，蔡锷仍无什么反应，反而整日忙于广置田产，修造房屋，收集古玩，连公府召见也难得一见蔡将军的影子。

一天傍晚，蔡锷在小凤仙的住所举行宴会，遍请六君子、五财神等高朋好友，席间歌声笑语，丝竹齐鸣，加上猜拳行令，谑浪欢呼，一派花天酒地之象。蔡将军大饮大嚼，兴致欲狂，终于酩酊大醉，呕吐狼藉，来宾们也都酒意十足，畅然散去。

次日天未破晓，小凤仙推醒蔡锷说："时间已经到了。"蔡将军霍然而起，悄然离去，赴天津，去日本，转道海上至云南。至云南独立，其他各省继起响应，人们方才领会其韬光养晦之计。

蔡锷将军之所以纵情声色，购置田产，与妻子离婚等等，都不过是故意掩饰自己的真实面目，麻痹老奸巨滑的袁世凯，以为脱身反袁做掩护。对此，老奸巨滑的袁世凯毫无察觉，等蔡锷达到目的后，袁氏梦醒无奈，才徒然幡悔。

蔡锷将军的伪装之术精妙之极，在袁世凯眼皮底下演出了一场出色的"双簧戏"。善于隐忍伪装之人，在他的时机成熟之时，必然会掀起惊涛骇浪，冲洗掉往日的屈辱和不公。

在势力薄弱还不足以战胜对手的时候，千万要沉得住气，一旦时机成熟，来日你们的地位可能就会刚好掉过来了。关于这一点，中国历史上最经典的例子要数"勾践卧薪尝胆"的故事了。

春秋时，越王勾践被吴王夫差打败，退守在会稽山上，越王要求跟吴国讲和，吴国的条件是要勾践夫妇到吴国给夫差当仆役，勾践万般无奈，只好答应了。

于是，勾践将国事委托给大夫文种，让大夫范蠡跟随他夫妇前往吴国。到了吴国，他们住在山洞石层中，夫差两次外出，勾践都亲自为他牵马。有人指骂他，他也不在乎，低眉顺眼，始终表现出一副驯服的面孔，很讨夫差欢心。

有一次，夫差病了，勾践在背地里让范蠡预测一下，知道此病不久就会好，于是他亲自去见夫差，探问病情，并亲口尝了尝夫差的粪便，向夫差道贺，说他的病很快就会好的。夫差问他怎么知道。勾践就胡编说："我曾经跟名医学过医道，只要尝一尝病人的粪便，就能知道病的轻重。刚才我尝了大王的粪便，味酸而稍微有点苦，用医生的话说，是得了'时气症'，所以病会好，大王不必担心。"

果然没过几天，夫差的病就好了。夫差认为勾践比自己的儿子还孝顺，深受感动，就把勾践放回国去。

勾践回国后，深为会稽之耻而痛苦，一心伺机报仇。他睡不好觉，吃不好饭，不近美色，不看歌舞，苦心劳力，唇干肺伤，对内爱抚群臣，对下教育百姓，这样经过三年，百姓都归顺了他。

为了更好地笼络群臣，每当有甘美的食物，如果不够分，勾践自己不敢独吃，有美酒把它倒入江中，与人民共饮。勾践自己耕种吃饭，靠妻子亲手织布穿衣，吃喝不求山珍海味，衣服不穿绫罗绸缎。为了坚持锻炼斗志，不过舒服生活，连褥子都不用，床上铺着柴草，还备一个苦胆，随时尝一尝苦味，以不忘所受之苦。另外，他还经常外出巡视，随从车辆装着食物去探望孤寡老弱病残，并送给他们食物吃。

后来，他召集诸大夫，向他们宣告说："我准备和吴国开战，拼一死活，希望士大夫踏肝践肺同日战死，我跟吴王颈臂相交肉搏而亡，这是我最大的愿望。如果这些办不到，从国内考虑，估计我们的国力不足以损伤吴国，从国外结盟的诸侯也不能毁灭它，那么，我将抛弃国家，离开群臣，自带佩剑，手举刺刀，改变容貌，更换姓名，去当仆役，拿着箕帚侍奉吴王，以便找机会跟吴王决斗。我虽然知道这样做会有很大危险，要被天下人所羞辱，但我的决心已定，一定要想法实现！"

再后来，越国与吴国在五湖决战，吴国军队大败，越军包围了吴王的王宫，攻下城门，活捉夫差，杀死吴国宰相。灭掉吴国两年后，越国称霸诸侯。

勾践卧薪尝胆的故事之所以千古流传，不但是因为勾践最后洗雪了耻辱以报国仇，更主要的是他那忍辱负重的精神。这种精神已经成为我们克服困难、知耻后进的楷模。

由于勾践被夫差打得大败，他不得不屈服求和向吴国俯首称臣，如果此时勾践只凭意气与夫差拼个鱼死网破，恐怕越国将会在历史上消失。于是，他一方面在吴国君臣面前表现得忠心耿耿，卑躬屈膝，摆出一付“奴才相”，不管吴国的臣子如何羞辱他，如何考验他，他都一概忍受下来。但另一方面，勾践的复国之心未死，东山再起的志向未灭，他卧薪尝胆，发奋图强，任用范蠡、文种等人，十年生聚，十年教训，终于转弱为强，一举灭掉了吴国。因此，勾践的忍可以是几年、十几年，但这完全是策略性的，是一种瞒天过海的韬晦之计，是一种以屈求伸的雄才大略，这种人的谋略一旦成功，将一反忍的常态，变本加厉地对他所忍的人进行清算。

此外，勾践卧薪尝胆，以屈求伸的故事还告诉我们要“知耻而后勇”。一般说来，一个人从知耻、忍耻到雪耻，这个过程必然有一段历史距离。大多数受辱者，皆因当时的力量或者环境处于劣势，在与人或者命运抗争的过程中，或由于力量悬殊，寡不敌众，或由于天时地利，不如对方，致使自己被对方打败而遭受屈辱，但又不能立即雪耻，只能将耻辱强忍吞下，铭刻心头，经过养精蓄锐，日渐强大，时机成熟，再雪旧耻，正所谓“君子报仇，十年不晚”便是这个道理。

9. 不要患“好为人师”的毛病

人们通常最反感的就是动辄好为人师的人。他们夸夸其谈，自以为无所不知，目空一切；他们常常为别人的优越感泼上一盆冷水，从而导致了自己的孤立，最后在人际交往中一败涂地。

孟子曰：“人之患在好为人师。”一语道破古今文人通病，其症结就在于“好”为人师。所谓“满罐水不响，半罐水叮当”。真正胸有百万的人并不急于露才扬己，倒是那些半瓶子醋自以为了不起，动辄喜欢做别人的老师，出口就是教训别人，一副教师爷的派头，而结果往往令人啼笑皆非。

孔子曰：“三人行，必有我师焉。”这句话说得非常适当，人毕竟各有所长，择其善者而从之，其不善者而改之。智慧和经验阅历也会各有不同的，人品及道德乃至社会成就都会有高低之别的。因此每个人都应在合适的范围内，寻找能弥补自己弱点及不足的地方的老师，以给自己的智慧更大的启发，这样对自己的成长，对自己事业的早日成功都是有很大价值的。毕竟，每个人从启蒙老师开始，都已拜了很多老师，当然从广义上说，只要能帮自己的忙，能使自我有进步者都可称为老师。

但是，在人生之中，强为人师、好为人师却并不是一件好事。在这里好为人师，我们指的是一些人放不下架子，喜欢当别人的老师、喜欢指指点点而无所顾忌，喜欢指责别人的过失及错误，不顾具体的实际情况而大谈自己当年的经验，一说起话来就是：“想当年，我怎么怎么……”拿自己的经验吓唬人，表面上给人一种师者的身份，其实，真正心服口服他的人却少之又少，甚至没有。

追求优越感是我们每个人都向往的事。不论是强者还是弱者，不论有没有资格能成为老师的人，都想让别人承认他，而你一旦"好为人师"，就给别人的优越感降低了一节，给他的自尊心泼了一瓢冷水，这样会造成对别人生存的威胁。从人性上来讲，他会本能地保护自己而坚决抵抗你，排斥你的出现。另外，我们每个人都有一个自尊，都有一个自我。当自我受到否定时，人体内会自动产生一种自我保护机制，将自我包得严严的，以防止你的入侵。因此，你的说教根本起不到任何作用，像这种损人不利己的事，你何苦去做它呢?

尤其是在日常工作和生活中，也许我们常常出于友善、出于热心，而特意给别人更多的指点和帮忙，但我们得到的回报却往往是冷漠甚至讥讽，人们总是认为你的热心为人师，本就是对他的智慧及能力的一种否定，他才不会按你的指点去工作，甚至他还会认为你是在和他一起抢功劳。

如果你在特定的情况下非好为人师不可，还是建议你注意以下几个方面：

（1）你和建议对象间的关系

除非是建立在平等基础之上，而且关系颇为密切的知己朋友，其他一般的朋友或同事最好不要直接指责或建议对方。因为只有你们俩关系密切，他才不会把你当成外人，才有可能认为你是为他好才这样做的，才有可能听从你的建议，而一般关系的人总会建立起他的自我保护机制而与你抗衡，使你的指责和建议成为白费。

（2）你的身份及社会地位

如果你在家中是长辈或享有德高望重的社会地位，那么你的建议或指责便会很有分量，其他的人也会考虑到若自己不听会招致什么样的严重后果。如果你不是某方面的权威，也没有崇高的社会地位，这时候就不要发言，万一对方听不进去，他还会以秽语辱没你的身份，冷嘲热讽你的人格，甚至日后有些小人还会打击报复等等。所以，最好应据量自己的身份和社会地位而后开口。例如，在等级森严的公司里，职员最好不要找经理或老板的毛病，要绝对服从上司的计划，否则你的处境将是很危险的，万一被印上一个“欺上”的坏印象，将是很难再有所改变的。

（3）你建议的内容

其内容可以是工作方面的，也可以是生活方面、处世方面。但千万不要涉及对方的隐私。因为拥有个人隐私已被看成个人权利的高级形式，尽管中国人以前不是很注意这方面的问题，但近年来，随着个性解放的发展，中国人已对隐私观念深入人心了。他们把隐私看成神圣不可侵犯的至高权利，一旦你触及了对方的隐私，我想肯定要吃官司的，所以要尽量不触及对方的私生活及其个人隐私为最好。

（4）你的建议方式及当时的情景因素

这种方式你尽量要委婉含蓄，尽量不直来直去，因为直语更易伤人，用比喻的方法或委婉的规劝则给人以尊敬的感觉，要动之以情晓之以理，谆谆善诱，而不是出口疯语，生硬直板。注意当时的环境，不要在大庭广众之下提出建议或批评，要选择一个时机，最好是两个人坐下来，私下交流意见。

总而言之，最好去拜人为师，不要“好为人师”，如果一定要为人师时，必须要注意自己的身份地位、场合方式等等。

第七章　牛角尖钻不得，不要一条道走到黑

俗话说：“条条大路通罗马”，在成功的道路上，没有固定的形式，“现实”之人要有灵活的头脑，此路不通彼路通，没有必要在一棵树上吊死。然而，这个世界上就是有那么多爱钻牛角尖的人，他们认准了一个理儿，九头牛都拉不回来，还叫嚣着什么“只有坚持才能胜利”。对于这种人，我们只能说“精神可嘉”。不错，做人需要锲而不舍的精神，但前提是你的方向要对头，如果你走的是死胡同，还要坚持到底，说好听点是“有毅力”，说不好听的其实就是“固执”。在这个日新月异的世界里，固执的人是没有前途的，只有顺时而变，顺势而变，不断根据环境的变化调整自己，才能够获得生命的辉煌。

1. 坚持过头就是固执

人们一般都赞扬坚持而鄙夷放弃，因为坚持代表一种顽强的毅力，它就像不断促使人奔向成功的马达。但是，在前进的同时，还需要有一定技巧，如果方向不对，结果只会是南辕北辙，这时，只有先选择放弃，等找准方向再重新努力，才是明智之举。

有两个青年，无意间听人说清水可以变成汽油，就跃跃欲试，夜以继日地研究起来。没过多久，其中一人通过这些天所学的知识发现，将水变成汽油是根本不可能的事情，于是他毅然选择了放弃，转而从商；离去时，他劝说同伴："我们要做的事情根本不合自然规律，别再瞎忙了。"可仍在研究的青年根本不听，他把头一昂，回答说："只要坚持下去，我相信总会成功的。"

五年过去了，那位转而经商的青年已经成了百万富翁，他的商业天赋得到很多人的赞叹；而另一位青年却在研究中一次次失败，最后变得疯狂，因严重的精神妄想症住进了医院。

中国先贤说过：知道成功而不为之，是为不勇，知道不能成功而强为之，是为不智。选择和放弃是一堂人生的必修课，是人们在社会生活中应该掌握的生存艺术。

人生都是在选择中度过的，小至一个包，一双鞋，一件衣服；大到一份工作，一段婚姻，甚至一个人的命运。人生有多少选择，就有多少放弃，人生亦是在放弃中度过的。选择了甲就等于是放弃了乙，因此选择和放弃是相辅相成的。放弃不等于失败，明智的放弃胜过盲目的执著，放弃就是跨越。

道理大家都知道，可为什么放弃起来那么困难呢？

某地发现了金矿，可一条大河挡住了必经之路，这时该怎么办呢？有人说绕道走，还有人说游过去，可就是没有人说放弃淘金。

是啊！为什么非得淘金呢？还不如买一条船开辟摆渡业务，这样一来你就可以从渡客身上挣钱，那怕他们只剩下一条短裤也心甘情愿，因为前面有金矿啊！

很显然，一般人眼里看到的只是闪闪发光的金矿，淘金是惟一的目的，这样就使人们不自觉地陷入了“思维定式”的桎梏中。“思维定式”使人难以跳出无形的框框，难以进行新的尝试，妨碍和束缚了人们的创新思维。

一般来说，经商需要打破思维定式，进行创新思维。当许多人都冲着某一件事而去，在这件事中就潜藏着巨大的机会。怎样才能捕捉到这一商机？就要看我们能不能冲破固有的模式，从对立方面去寻找对策。

叶世光是1995年到南京投资的，南京众多的人才以及南京人的厚道是吸引他投资的主要原因，但具体经营什么项目，他却心中没谱。当时南京的饮食、休闲很火爆，叶世光便多次去消费，了解他们的消费结构，准备投资饮食业，但最终他还是放弃了这个行业，因为他感到消费热点不一定是投资热点，往往市场越火，投资就越要谨慎，恰恰是在需求和市场的空档的矛盾中才有新的经济增长点。

后来，当叶世光准备开办公司而去租房子时，却发现当时南京办公房很难租到，要么就是价格太高，要么就是质量太差。于是，他从中感悟到了商机，决定投资数千万元，开发中低档的商务中心。这一招果然击中市场要害，他的诺亚商务中心建成后，由于市场定位准确，立即吸引了许多中小公司认同入住。几年来，出租率始终保持在95%以上，而那些大量高档写字楼因为租金太贵而闲置。

“鱼和熊掌不能兼得”，人之一生，需要我们放弃的东西有很多，如果不是我们应该拥有的，我们就要放弃，几十年的人生旅途，会有山山水水，风风雨雨，有所得也必然有所失，只有我们学会了放弃，我们才会拥有一份轻松。

毛泽东放弃了城市，选择了农村，他最终赢得了中国革命的最后的胜利，建立了伟大的新中国。摩托罗拉公司放弃了制造，将制造中心托付给新加坡和中国，它赢得了自己在研发和市场的战略制高点。同样，“买卖的松下”和“服务的IBM”放弃了“统一于技术”的战略导向，日立、索尼、本田、惠普等则放弃了“统一于市场”的战略努力。衫衫集团宁可不要行业老大的位置，放弃了生产与经销，只负责品牌的核心运作、推广及服装设计。所以，放弃是一种基于战略的价值判断，是一种有进有退、以退为进、以攻为守、张弛有度的战略智慧。

2. 放弃固执，走“现实”之路

很多时候，人们容易陷入一种虚幻的境地，固执地抱住一个目标冲过去，结果总是失败、一事无成。要知道，有些时候并不是那些价值最大的才是最适合你的，如果你不放弃那个看起来价值最大的，你就不可能选择那个最有可能实现的。

有一次，法国一家报纸进行了一场有奖智力竞赛，其中有这样一个题目：

如果法国最大的博物馆卢浮宫失火了，当时的情况只允许救一幅画，那么应该救哪一幅？

结果在该报收到的成千上万个回答中，贝尔纳以最佳答案获得该题的奖金。他的回答是：

“我救离出口最近的那幅画。”

成功的最佳目标不是最有价值的那个，而是最有可能实现的那个。每一个人在他的生命中都会面临着各式各样的选择，如何选择也就注定了如何成功。而选择其实就是一个“放”与“取”的过程。该放什么，该取什么，说到底是一种人生的艺术。

两个贫苦的樵夫靠上山捡柴糊口。有一天，他们在山里发现了两大包棉花。两人喜出望外，因为棉花的价格高过柴薪数倍，将这两包棉花卖掉，可供家人一个月衣食丰足。当下，两人各自背了一包棉花，赶路回家。

走着走着，其中一名樵夫眼尖，看到山路上有一大捆布。走近细看，竟然是上等的细麻布，有十多匹。他在欣喜之余，和同伴商量，一同放下肩负的棉花，改背麻布回家。但是，他的同伴却有不同的想法，认为自己背着棉花已走了一大段路，到了这里丢下棉花，岂不枉费自己先前的辛苦？他坚持不换麻布。先前发现麻布的樵夫屡劝同伴不听，只得自己竭尽所能地背起麻布，继续前行。

又走了一段路，背麻布的樵夫望见林中闪闪发光，待走近一看，地上竟然散落着数坛黄金，心想这下可真的发财了。赶忙邀同伴放下肩头的棉花，改用挑柴的扁担来挑黄金。同伴仍是不愿丢下棉花，并且怀疑那些黄金不是真的，劝发现黄金的樵夫不要白费力气，免得到头来一场空欢喜。

发现黄金的樵夫只好自己挑了两坛黄金和背棉花的伙伴赶路回家。不料，他们走到山下时，无缘无故下了一场大雨，两人在空旷处被淋了个湿透。更不幸的是，背棉花的樵夫肩上的大包棉花吸饱了雨水，重得无法再背，那可怜的樵夫不得已，只能丢下一路辛苦舍不得放弃的棉花，空着手和挑黄金的同伴回家去。

这个故事告诉我们，在人生的每一次关键时刻，审慎地运用你的智慧，做最正确的判断，放下无谓的固执，冷静地用开放的心胸去做正确的选择。千万不能像背棉花的樵夫一样，只凭一套哲学，便想强渡人生所有的关卡。

生活中有很多固执的人，他们执著于名与利，执著于一份痛苦的爱，执著于幻美的梦，执著于空想的追求。数年光华逝去，才嗟叹人生的无为与空虚。适当的放弃，选择一些更为现实的东西，何尝不是一种收获呢？

3. 广纳雅言，杜绝固执

每个人都可能说错话，办错事，但这并不可怕。可怕的是有许多人因害怕丢面子，不敢承认自己的错误，面对别人的忠告，仍旧护短遮丑，羞羞答答，吞吞吐吐，结果越陷越深。

一个人不论职位高低，有短敢揭短，人们就不觉得你有短；有丑敢亮丑，人们就不觉得你有丑。敢于揭短亮丑，是诚实可靠的表现，不但不会失去面子、失去威信，反而会提高威信，增加影响。

在人的一生中，没有犯过错误，没有过错误的观点或立场是不可能的。人总是在不断地从错误到正确再到错误，然后再正确，重复不断，回旋往复。只有这样，人才能不断从错误中总结经验，得到发展，从而逐步完善，最终成为一个比较完美的人。

人犯错误并不可怕，这次错了，吸取教训，可以防止下次再犯错。正所谓“吃一堑长一智”，说的就是这个道理。但是，如果一个人犯了错误或有着某种错误观点而执迷不悟，强硬坚持，顽固地不接受他人的意见或劝说，而是我行我素，这种做法讲得文雅一点是刚愎自用，讲得通俗一些就是顽固不化，喜欢钻“牛角尖儿”。

人生在世，要做的事情很多，要接触的新事物也很多。然而这么多的事情不可能哪一件都做得十全十美，或者说一个人不可能什么事情、什么知识都懂，而不懂就难免会犯错误。这时，就需要有人来指点我们，特别是我们知心朋友的建议，更值得参考。

在我国古代，不管是哪朝哪代，凡是贤明的君主身边，必定会有几个或几十个忠诚的大臣或谋士，专门为君王提供建议。成就霸业的君王在建国初期，没有刚愎自用的，否则他也不会霸业有成。不光是君主，任何一个有所作为的人，都非常善于接受他人的意见。

我国古代曾把帐下食客的多少来作为衡量一个人贤德高下的标尺，这绝非是攀比富贵，而是一个集贤纳策的好方法。战国时期的四大君子：平原君、信陵君、春申君、孟尝君，都曾为自己的君王提供了许多高妙的建议，为君王的治国安邦做出了卓越的贡献。可以说，刘备如果没有诸葛亮在身边出谋划策，不要说三国鼎立，就连是否能立得住脚、扯一面旗都很难说。

当然，在历史上也出现了不少由于固执、刚愎自用而失败之人。三国时期蜀国的马谡，由于一味“自信”，从而导致了“失街亭”。马谡的失败，给蜀国带来了致命的打击，虽然事后马谡自己也追悔莫及，诸葛亮挥泪把他斩了，可这又有什么用呢？世上卖什么药的都有，就是没有卖后悔药的。

中国历史经历了那么多朝代，而历朝历代的灭亡都与君主统治的腐朽有着直接的关系。其中，君主的武断、专制、刚愎自用、不听忠言是导致腐朽的一个重要原因。

秦始皇统一六国时，国势是多么强大，疆土是多么辽阔。但是由于秦二世的武断、暴虐，很快就导致了秦末的陈胜、吴广起义。秦开始衰落，最终被汉所代替。试想，如果秦二世不那么残暴，多接受些忠告，是否能使秦的寿命更长一些呢？

所以说，刚愎自用者的顽固、不肯接受他人意见是一个致命的弱点。不肯接受他人意见，对于朋友的规劝或忠告置若罔闻，不仅会使自己头破血流，还会严重伤害朋友的心。

因为只有真正的朋友才会指出你的错误，提出切中肯綮的建议。提供建议本身就意味着坦诚和信任。如若你把良药当做烂草，把忠言当做耳边风，怎能不使朋友伤心呢？

没有人会同情一个由于固执己见而失败的人，相反，除了朋友在伤心之余的痛惜外，还会招来对手的痛快、嘲笑和幸灾乐祸。所以，这种令亲者痛仇者快的事是万万做不得的。

因此，做人要善于接受别人的意见，特别是朋友的忠告，更应该虚心听取。“良药苦口利于病，忠言逆耳利于行。”奉承的语言我们可以不去理会，但诚恳的忠告却一定要用心去听，特别是在自己有了错误的时候。头撞南墙的滋味并不好受，干吗非得要等到头破血流才肯罢休呢？

不管是普通人还是伟人，不管是小职员还是领导者，都应该养成善于接受他人意见的习惯。但是，这种善于接受意见绝不是无主见的接受，把所有人的话都当做救命稻草。就人来说，我们要慎听幼稚轻率者的献策；就事来讲，要慎听那种过激的言论。对于别人的意见，要经过自己的深思熟虑之后才能接受。

另外，还要注意的就是不要偏听偏信，因为偏听偏信任往往会使你由这个错误走向那个错误。古人云：“兼听则明，偏信则暗”，要有比较、有选择。

固执己见者由于过于“迷信”自己，一味地执迷不悟，有时就难免言行过激，走向极端。他们顽固的“自信”，对其他人的话充耳不闻，但又生怕自己不被人重视，得不到他人的承认。于是，在顽固的“自信力”的支持下，义无反顾地沿着错误道路走下去，可是过激言行不但没有扭转错误方向，反而加快了失败的到来。

老百姓有句俗话：“听人劝，吃饱饭。”刚愎自用、钻“牛角尖儿”，只会使前面的路越来越窄，越来越走不通，它不是成功之路，而是失败之途。

4. 条条大路通罗马

俗话说："不要一条道走到黑。"做任何事都要学会变通，要知道，成功因人而异，方法与角度千变万化，任你挑选。不要一味固守旧的经验，撞了南墙也不回头，因为这样只能白白浪费时间和精力。

有这样一位父亲，他带着孩子离开罗马的家，来到市郊一个小镇，爬上一座教堂高高的塔顶上。孩子心里暗自嘀咕："领我上这儿来干什么呢？"

"往下瞧瞧吧，我的孩子！"父亲说道。

孩子鼓足最大的勇气朝脚底下看，只见星罗棋布的村庄环抱着罗马，如蛛网般交叉扭曲的街道，一条条通往罗马广场。

"好好瞧瞧吧，亲爱的孩子，"父亲温柔地接着说，"通往广场的路不止一条。生活也是这样，假如你发现走这条路达不到目的地，你就走另一条试试。"

这个父亲通过这样一种形式，教会自己的孩子，做人要学会变通，学会选择，懂得放弃。

条条大路通罗马，的确是这样，每个人和每个人成功的方式是不可能完全相同的，经验可以借鉴，但不可一成不变，只有看到别人看不到的捷径，找到别人不懂的方法，你才有可能更快的走向成功。

1850年，美国旧金山来了一大批淘金者，这里一下子变成一个很热闹的地方，只见到处都是熙熙攘攘、川流不息的人群。这些人大都衣衫褴褛，蓬头垢面，一副疲于奔命的样子。他们尽管种族不同、语言各异，但是满脑子里都在做着一个共同的美梦：淘金发财。

自从美国西部发现了金矿，便掀起了“淘金热”，世界各地希望“一夜暴富”的人都向这里涌来。在这川流不息的人群中，有一个叫李威·施特劳斯的年轻的德国犹太人，他抛弃了自己厌倦的家族世袭式的文职工作，跟着两位哥哥远渡重洋，赶到美国来“发财”。

这里淘金的人多如牛毛，淘金不是一件好做的事情!

施特劳斯是一个比较实在的人，他心里盘算着，做生意或许比淘金更容易赚钱。这样，他就开了一间卖日用品的小铺。

没过多久，他就成为一个地道的小商贩了。

一次，有位来小店的淘金工人对施特劳斯说：“你的帆布很适合我们用。但如果你用帆布做成裤子，更适合我们淘金工人用。我们现在穿的工装裤都是棉布做的，很快就磨破了。用帆布做成裤子一定很结实，又耐磨，又耐穿……”

说者无心，听者有意。一句话就把施特劳斯点醒了，他连忙取出一块帆布，领着这位淘金工人来到了裁缝店，让裁缝用帆布为这个工人赶制了一条短裤——这就是世界上第一条帆布工装裤。就是这种工装裤，后来演变成一种世界性的服装——牛仔裤。

那位矿工拿着帆布短裤高高兴兴地走了。而施特劳斯也已经考虑成熟了：立即改做工装裤！帆布短裤一生产出来，就受到那些淘金工人的热烈欢迎！这种裤子的特点是结实、耐磨、穿着舒适……大量的订货单如雪片似的飞来，施特劳斯一举成名。

后来，施特劳斯发现，法国生产的哔叽布与帆布同等耐磨，但却比帆布柔软多了，并且更美观大方，于是决定用这种新式面料替代帆布。不久，他又将这种裤子改缝得较紧身些，使人穿上显得挺拔洒脱。这一系列的改进，使矿工们更加欢迎。经过不断的改进，牛仔裤的特有式样形成了，“施特劳斯裤”的称呼也渐渐改为“牛仔裤”这个独具魅力的名称。

施特劳斯没有一条道走到黑，没有执著地做着淘金梦，而是适时地放弃，选择了另一条路，从而赚到了更多的金子。

在人生的漫漫长路上，我们应该当机立断，放弃那些无法实现的空想，以免徒劳无益；放弃那些不能胜任的职务，以免心力交瘁；放弃那些没有结果的恋情，以免自寻烦恼；放弃那些不会到来的等待，以免空耗光阴……总之，要学会放弃，从而选择更适合自己发展的道路。因为通向罗马的路不只一条。

5. 顺应时势，以变应变

当环境变化或时势变化之后，你的处世方式也应该随之改变，不然你会吃亏或败下阵来。所以，我们必须能顺应时势，善于变化。这也是“现实”之人适应环境变化的方法。

当今社会，各种事物都是飞速发展变化的，因此作为一个“现实”的人，就应审时度势、顺势而变，这时候才能取得成功。清末重臣曾国藩便是一个以变应变的高手，从他一生“三变”之中，我们可以学到很多。

曾国藩的处世之道，实际上是一种灵活辩证的处世方法。因此，虽然他处世中勤于功名，以儒家思想为核心，恪守仁义的其宗未改，但在做事为人的“形”上，却是一生三变。而正是这“三变”，使他获得了更大成功和名声。

曾国藩的好友欧阳兆熊曾经说过：曾国藩“一生凡三变，书字初学柳宗元，中年学黄山谷，晚年学李北海，而参以刘石庵，故挺健之中，愈饶妩媚。”这是说习字的三变。“其学问初为翰林词赋，即与唐镜海太常游，究心儒先语录，后又为六书之学，博览乾嘉训诂诸书，而不以宋人注经为然。在京为官时以程朱为依归，至出而办理团练军务，又变而为申韩。尝自欲著《挺经》，言其刚也。”这是说学问上的三变。

纵观曾国藩一生的思想倾向，他是以儒家为本，杂以百家为用。随着形势、处境和地位的变化，各家学说在他思想中体现的强弱程度又有所不同，这些又反映了他深谙各家学说的“权变”之术。

曾国藩扎实的儒家功底，是在做京官时期打下的。他用程朱理学这块砖敲开了做官的大门之后，并没有把它丢在一边，而是对它进行了深入研讨。又由于受到唐鉴、倭仁等理学大师的指点，他的理学素养更是有了巨大的飞跃。他不仅对理学证纲名教和封建统治秩序的一整套伦理哲学，如性、命、理、诚、格、物、致、知等概念，有深入的认识和理解，而且还进行了理学所重视的身心修养的系统训练。这种身心修养在儒家是一种“内圣”的工夫，通过这种克己的“内圣”功夫，最终达到治国平天下的目的。另外，他还发挥了儒家的“外王”之道，主张经世致用。曾国藩非常重视对现实问题的考察，重视研究解决的办法，提出了不少改革措施。

太平天国起义后，曾国藩返回故里，很快就组建了一支湘军。在对待起义军和管理湘军的问题上，他的一系列主张措施又表现了他对法家严刑峻法思想的极力推崇。他提出要“纯用重典”，认为非采取烈火般的手段不能为治。而且，他还向朝廷表示，即使由此而得残忍严酷之名，也在所不辞。曾国藩确实也是这样做的，他设立审案局，对所捕农民严刑拷打，任意杀戮。他还规定，不纳粮者，一经抓获，就地正法。在他看来，儒家的“中庸”之道，在这个时候是行不通的。

曾国藩在1852年2月，《与魁联》的信中解释说：我在公寓内设立了审案局，十天之内已处斩了五个人。世风不厚之后，人们各自都怀有不安分的心思，他们希望天下大乱而去作恶为害，稍微对他们宽大仁慈些，他们就更加嚣张放肆，光天化日之下竟敢在都市抢劫，将官府君子视同无物。不拿严厉的刑法处治他们，那么，坏人就会纷纷而起，酿成大祸就无法收拾了。因此，哪怕只能起一丁点的作用，也要用残酷的措施来挽回这败坏已久的社会风气。读书人哪里喜欢大开杀戒，关键是被眼下的形势所逼迫的，不这样就无法铲除强暴，从而安抚我们软弱的人民。这一点，我与您的施政方针，恐怕比较吻合吧！

曾国藩在为官方面，恪守的却是“清静无为”的老庄思想。他常常表示，于名利之处，须存退让之心。太平天国败局已定，即将大功告成之时，这种思想愈加强烈，一种兔死狗烹的危机感时常萦绕在心头。他写信给弟弟说，自古以来，权高名重之人没有几个能有善终的，而要将权位推让几成，才能保住晚节。天京攻陷之后，曾国藩便立即遣散湘军，并做功成身退的打算，以免除清政府的疑忌。

不同的时期有不同的思想倾向，说明曾国藩善于从诸子百家中吸取养分以适应不同的情况。容闳说曾国藩是“旧教育中之典型人物”。无疑，在曾国藩身上，熔铸了中国传统文化的各种基因，但也正是这些基因，才使曾国藩成了封建社会的“三个不朽”人物之一和最后一个精神偶像。

纵观曾国藩一生，我们可以看出：一个人所干事业越大，所遭遇的种种人与人的冲突就会越大，一个人如果没有和人打交道的高超技巧，没有把各种情况都考虑周全的“经验化”的头脑，根本无法驾驭大的局面，这将很难取得像样的成功。

从阅历中提炼社会经验，恰恰是我们年轻人最缺少的东西，所以我们走向社会之后，尤其要强化对社会经验的学习。一个人能看清自己的现状，心态就会平衡许多，就能以一种客观的眼光去看待、认识这个世界，并且相应地调整自己的行为，从而为自己的成功之路做好准备。

6. 良臣择主而事

“现实”的人都知道，不能把一身才华白白浪费在注定无所作为的主子身上。他们会选择另攀高枝，在适当的时候和适当的地方，让自己的理想再度萌发。

古人云：“良禽择木而栖，良臣择主而事。”只有主子选对了，优秀人物的才华和抱负才能实现，如果你一时不慎看走眼，没关系，另攀高枝是你惟一正确的选择。不要抱残守缺，觉得另投明主就是“不忠”是“背叛”。

在中国历史上有许多愚忠之臣，他们死守做臣的道德准则，即使面对昏庸无比的皇帝，也死心踏地地跟着，到头来一腔热血最终洒在了崩溃王朝的废墟中，成了那个时代的殉葬品，他们的精神固然值得钦佩，但他们的做法却着实有些愚蠢。

时代是不断变化发展的，因此人的思想也应该不断跟着前进，姜子牙助周灭纣便成为了永垂千古的美谈，而那个可怜的比干丞相的下场便是愚忠之臣的镜鉴。识时务者为俊杰，择主依时而变在任何时代都是一条颠扑不破的做人准则，穿透千年历史风云，“现实”的人能够悟透这一秘密玄机。

被誉为中国历史上三大谋臣之一的刘基，便是一位能够“择主而事”、“喜新厌旧”的人。他在元末明初的政治舞台上左右逢源，最终为大明王朝的开国起到了至关重要的作用。

刘基少有大志，14岁的时候便才华横溢了。

少年得志的刘基，颇想为元朝尽忠，做一番轰轰烈烈的事业。当时正处于元朝末期，官场腐败，贪官横行，整个社会统治已是大厦将倾。但刘基并没有感到独木难支，他一方面以身作则，为官清廉，一方面与那些贪官污吏做斗争。可是不久之后，刘基的行为便让他碰了个灰头土脸，因为上文弹劾监察御史失职而得罪上司，被排挤回老家。

官场的第一次失意并没有使年轻的刘基灰心丧气。在回乡隐居的日子里，他刻苦钻研易经八卦，兵书战策，并广交宾朋，扩大自己的影响，随时准备东山再起。他知道，有了梧桐树，不愁没凤凰。果然，刘基的名声越来越大，有人甚至认为他的才干足以与诸葛亮相比，于是很多人纷纷登门求教。刘基觉得，他出头的日子已经不远了。

适值元朝末年，各地农民起义此起彼伏。黄岩人方国珍因被诬告通寇，杀仇家，率兄弟三人聚集海寇数千骚扰江浙，朝廷几次派兵都没有剿灭，连江浙行省左丞孛帖木儿都被其活捉。于是，朝廷决定许以高官厚禄招降方国珍，但方国珍几降几叛，弄得人心惶惶。这时，江浙行省终于想到了刘基，举荐他为元帅府都事。

深居简出十几年的刘基，再一次感到眼前出现了光明。他一到任就力主用武力严剿方国珍，但刘基做梦也没想到，他正在那布置出兵呢，朝廷令下，说他擅作威福，夺去兵权不算，还把他羁管在绍兴。刘基一气之下，头发都白了一半，弃官回青田老家，再度隐居。

这次官场失意对刘基的打击是十分沉重的。此时他已年近五十，以为此生将不再有什么机会了，一身的才华抱负也就要付之东流。谁知不久，农民领袖之一的朱元璋再度请刘基出山。刘基对朱元璋半信半疑，很不愿意出山，经过朋友再三劝告，刘基才改变了自己的态度，到了朱元璋驻扎的应天。

刘基到了应天之后，心情仍然很抑郁。朱元璋召见他那天，他懒懒散散地来到朱元璋的帅府，见朱元璋时只略略一拜。当朱元璋问到关于如何建立功业时，刘基随机想出了治国十八策，说得朱元璋点头称是，亲自为刘基斟茶，然后继续向他征求有关军事作战等各方面的意见。

朱元璋为了笼络像刘基这样的文人，专门修了一所礼贤馆，对文人们给予很高的待遇，而且一旦听到他们有什么高明的见解，立刻予以采纳。刘基感到终于遇到了明主，便死心塌地地追随朱元璋，他决心利用自己的军事才能，为朱元璋出谋划策。

从此，朱元璋把刘基当成心腹谋士，事无巨细，都要同刘基商量。朱元璋称呼刘基，只用先生而不呼其名以示尊重，和别人谈起也常把刘基比做汉初的张良。这就更增强了刘基报答知遇之恩的愿望。

后来，在徐达、常遇春、李善长等众多武将文臣的辅佐之下，朱元璋终于一统江山，开创了大明王朝的几百年基业。

刘基审时度势，不盲目愚忠于元朝，最后得以成为明朝开国的第一功臣，这与他的“良禽择木而栖”的思想是有相当大关系的。正因为没有抱着元朝这一棵老树，刘基终于在元末乱世中一展身手，使自己的才学终于有了用武之地，他的理想之花也在适合的气候与土壤中萌发了。

7. 好马也吃回头草

“好马也吃回头草”，因为对于马来说，哪里的草嫩、鲜就去哪里吃，不会管前头还是后头。同样的道理，一个人面对机会，头脑要灵活，要能把握住，该回头时也要回头。

“好马不吃回头草！”这句话不知使人丧失了多少机遇。绝大多数人在面临该不该回头时，往往意气用事，忍不得闲言碎语，抛不开面子，明知“回头草”又鲜又嫩，却怎么也不肯回头去吃，以为这样才是有“志气”。其实，在面临回不回头的关卡时，你要考虑的不是面子问题和志气问题，而是把握机遇的问题。

A君因故被炒鱿鱼，一个星期后，老板要他回去，他愤然拒绝：“好马不吃回头草！”

B君被女朋友甩了，过了一段时间，女朋友回头向他认错，要求重归于好，B君无情地说：“好马不吃回头草！”

以上两种情况在我们的日常生活中是很常见的。对于具体情况我们应该做具体分析，吃不吃回头草的是你现在有没有“草”可吃？如果有，这些“草”能不能吃饱？如果不能吃饱，或目前无“草”可吃，那么未来会不会有“草”可吃？还有，这“回头草”本身的“草色”如何？值不值得去吃？

当然，吃“回头草”时，你可能会碰到周围人对你的议论，让你“消化不良”！但只要你自己愿意去吃，养肥自己就可以了，何必在意别人无聊的议论！何况时间一久，别人也会忘记你是一匹吃回头草的马，当你回头草吃得有成就时，别人甚至还会佩服你：果然是一匹“好马”！

曾经有这样一位朋友，年轻时经人介绍，认识了一位女友，两人一见钟情，很快坠入爱河。谁知，他这位女友这山望着那山高，不久又结识一位高干子弟，由于对方甜言蜜语很会讨好女人，再加上人才家境均超过她当时的男友，于是，她便同这位朋友提出分手。

这位朋友正沉醉在爱情的甜蜜与幸福之中，听到这一消息后顿时如雷轰顶，陷入失恋的痛苦之中。在很长一段时间里，他整天异常苦闷，彻夜失眠，失恋的滋味恐怕大多数人都品尝过。真可谓剪不断，理还乱。为了使自己尽快从痛苦中解脱出来，这位朋友把全部精力倾注在事业上。功夫不负有心人，不久即小有成就。

在这时，他以前那位女友突然又找到他，痛哭流涕地要求恢复关系。原来，在她与男友分手后，与那位高干子弟相处了一段时间，很快发现此人金玉其外，败絮其中，是位品行不端的花花公子，于是断然与他断绝了往来。想起与过去的男友相处的那些幸福时光，这位少女追悔莫及。经再三考虑之后，决定向旧友说明一切，并恳求对方的谅解。

当时，这位朋友颇感犹豫。正所谓旧情难舍，但考虑到周围人的闲言碎语，该不该吃“回头草”呢？令人颇费踌躇。有不少人也劝他快刀斩乱麻，与女友彻底断绝往来，说什么“好马不吃回头草”、“天下有的是靓女子，三条腿的蛤蟆不好找，两条腿的活人有的是”、“天涯何处无芳草，大丈夫又何患娶妻呢？”但是，这位朋友是位讲义气重感情的人，他想起过去自己与女友相处的那段时光，女友身上的诸多优点，女友在自己面前流下的悔过眼泪……最后，他毅然决定与女友重续旧缘。

后来，两人终于喜结连理，婚后家庭美满幸福，这位朋友得了位贤内助，事业又令人羡慕。

所以，“好马不吃回头草”虽然强调的是一种“气节”，但有时候也应注意利益和结果。同样是一种做人做事的原则，出发点不同，结论也就不同。做人不能一根筋，该回头时就回头看看。

8. 索取适可而止，莫被贪念蒙蔽

俗话说：聪明一世，糊涂一时，再聪明的人也有被蒙蔽的时候。一般来说，很多人遭受蒙蔽，都是缘于其内心的贪欲。要知道，欲望是一个永远走不到头的黑洞，并且越走越黑，只有适时止步，才不致被其淹没。

一群蚂蚁发现一个碟子里有一摊蜂蜜，于是它们排成一路横队，浩浩荡荡地向蜂蜜进攻。不幸，它们一踏上蜂蜜，细细的腿脚就被蜂蜜牢牢胶住，全都陷入甜蜜的海洋而不能自拔。

这时，另一群蚂蚁也闻香而来。它们一见了蜂蜜，也立刻不顾一切，冲了上去，向蜂蜜发起了进攻。

“不要贪吃了！”一个垂死的蚂蚁警告后来者说：“你们没看见我们的不幸遭遇吗？”

但是，后来者只顾大口地吞蜜，连眼皮也不翻一翻。过了不久，发出警告的一批蚂蚁也被淹死了，后来的一批又陷入蜜海中不能自拔。当后来者尝到被淹的滋味，十分后悔地警告又一批后来者时，不想后来者听了，和它们刚来时采取的态度不差分毫，也成了淹死鬼！

就这样，在小小一摊蜂蜜中，一层一层地积满了数不清的蚂蚁尸体。可是，一批又一批的后来者呢？它们大有前仆后继之势，谁都不虑及前车之鉴。

前仆后继的蚂蚁为它们的贪心付出了生命的代价。这则寓言告诉我们：贪心是害人的，因为物欲是没有止境的，一味的索取，一味地满足自己的欲望，不能用“现实”的头脑来分析利弊得失，其结局只能像贪心的蚂蚁一样，被欲望所淹没。

看了《蚂蚁和蜂蜜》这个寓言，不禁有些害怕。人和动物是一样的，有时候为了一点点的小便宜就被蒙蔽了大脑，从而失去了更加重要的东西。贪心是害人的，因为物欲是没有止境的。

曾国藩曾说过：“贪是人的大忌。许多本来有才能，也有希望成功的人，就是因为一个‘贪’字而毁了自己。所以说，要想走得远，发展得更好，必须克制住贪欲。即索取要适可而止，万万不可被贪欲所蒙蔽而毁了自己。”像这样劝人莫贪的名人名言在我们的世界里数不胜数，这些都是总结前人经验得出来的智慧，然而一到现实之中，面对无尽的欲望，很多人就把这智慧抛到九霄云外。

一天，一个非常穷困的人垂头丧气地走在街上。他的衣服已经破烂不堪，脸色蜡黄，好像几天没有吃饭了，看到食物时，眼睛立刻发出贪婪的亮光。此时，他最想得到的就是一个馒头或者米饭。

他非常痛恨自己的穷困，但是却没办法改变它。这天，幸运女神发了慈悲，决定帮助他改变命运。于是，她出现在穷人面前。看见女神的出现，穷人立刻哀求她帮助自己。

女神和蔼地说：“那告诉我你最希望得到什么？”

穷人早就把刚才的愿望丢到九霄云外了，马上说：“我想要金币。”

女神看了看他，说：“你用衣服准备接着吧！但是不要太贪心，否则你的衣服就更加破了。而这些金币只有被你接住并包在衣服里，才是金币，否则就是石头。”

穷人非常高兴，立刻脱下了衣服接金币。

女神手一动，立刻就有金币“哗哗”地掉下来，一枚枚地掉在衣服上，一会儿就满了。

女神说："好啦！你的衣服快破了，不能再接了。"

但是，穷人早就忘记刚才的话了，只顾着接金币，嘴里还嚷嚷着："再来点，再来点。"

正在这时，只听"啪"地一声，穷人的衣服破了，裂开个大口子。顿时，金币都掉到地上变成了石子。

穷人呆住了，哭泣道："怎么可以这样呢？女神，再帮助我一次吧！我绝对不会再贪心了。"可是当他抬头一看，女神已经不见了。结果，穷人依然是可怜的穷人。

贪欲就像是永远填不满的无底洞。愈贪婪的人，就愈会一无所有。因为贪婪，他们不知道什么叫满足，而因为不知道满足，他们反而失去了本应该得到的东西。上面故事里那个穷人以为，再来一点就可以满足，殊不知，即使再来多少，他还是不会满足。

要切记，不能因为一时的小得，而失掉更加重要的东西。或者有时候，你并没有故意去贪，但是别人故意给你设下陷阱，哪怕只产生了一点点这样的心思，你都会不自觉地掉进去。

9. 给人留条出路，自己才有出路

在市场经济的大环境下，企业越来越多，同行的竞争也就越来越激烈，惟有击败对手才能取得胜利。但“击败”并不等于“击垮”，给竞争对手留有生存的空间，适可而止，你才成为真正的赢家。

天津某区有一条主干线，车水马龙，人流络绎不绝，十字相交有一条不起眼的小马路。那年，所在地街道办事处发展第三产业，在小马路临街盖了一溜房子，沈强抢先进驻，干起了酒楼，而且规模较大。不少人纷纷跟进，一时间小马路两旁餐馆林立，自发形成了“饭馆一条街”。各家招牌、布幔、灯箱各异，招来了不少主干线上往来的人流，生意普遍说得过去。尽管开饭馆的人越来越多，甚至有不少人慕名而来，但在经营上沈强的酒楼仍然稍占上风。

但是，这种共同繁荣的局面没维持太久，沈强便在小马路挑起了事端。既然客流量相对恒定，大家心照不宣地竞争就可以了，但沈强偏要“消灭”对手。

其实，像沈强这家高档次的酒楼，哪个菜系的菜肴都有“借”来的。有人来酒楼说某某饭店某菜受欢迎，这好办，让大厨去要盘菜一看一吃，第二天照猫画虎一炒，招牌都写好了“本酒楼隆重推出特色莱肴”。

沈强十分留心地将小马路各家餐馆拿手菜列了明细，他是大厨出身，这难不住他，略加改良，照单“克隆”推出。抢了别人不少生意，酒楼更火了。

老百姓图实惠，价格上也要有优势。沈强采购原料精打细算，别的餐馆在市场上进牛羊肉，不仅价格贵质量还没有保证，他从屠户那里直接进，因为量大总有优惠。别的餐馆都在市场上进河鱼，他的酒楼自有几位钓鱼迷送鱼，进货比别人便宜一半。因此，在小马路上，沈强的菜肴价格最低，店堂最大，外装饰灯光最抢眼，总是爆棚，这人也怪，越热闹越凑热闹。

顾客买单，沈强另有一招，培训服务员报价时必须暗中加一块钱，然后再告顾客零头那几毛钱抹了，比如说39．80元，报40．80元，“您给40元凑个整，老顾客了，8毛抹了”，这种雕虫小技，往往讨顾客欢喜，还真没碰上有人找来说这里有猫腻。

在沈强的挤兑下，小马路上其他餐馆的生意都不好做，但还是上一些座，以微利维持。沈强的酒楼火，他们的餐馆不温不火，小马路上因为饭店多才人流不断，沈强是“君”，他们是“臣”，沈强赚钱多，他们虽赚钱少但毕竟也赚钱，大家共同培养着小马路这个餐饮市场，都是受益一方。

但是，沈强还在不断地采用各种方法排挤竞争对手，让他们无利可图。伴随着街道办事处提高房屋租金的消息出台，部分餐馆终于从小马路消失了。望着新开张的花店、租书店、电脑房，沈强心里充满了胜利者的喜悦。

福倚祸兮，餐馆少了，“饭馆一条街”渐渐变味了，专门来溜街吃饭的日渐冷清，沈强的酒楼上座率较以前非但没增加反而下降了。更让他尴尬的是相邻两家饭店，一家改成了加工铝合金门窗的企业，整天电锯轰鸣；另一家转让给了寿衣店，晚上卖寿衣的灯箱在主干线上都能看到。酒楼四周这种环境，试问哪位食客还有登楼就餐的雅兴？沈强真后悔……

“现实”的人，做人不会只进不退，关键时候，宁肯后退一步，做出必要的个人牺牲。像沈强，如果他肯退一步的话，也不会让他的酒楼生意如此冷淡。

在充满竞争的社会中，我们为了能够战胜对手，获取利益，会充分利用自己固有的优势，集中力量把对手击溃。但是，在对手没有丝毫还手之力的时候，我们就应该给对手留有一条生存之路。这种在他人不利情况下，不落井下石的友善行为，在将来必会得到丰厚的回报。所以要适可而止，不击垮对手，有时只有退几步，方能大踏步前进！

第八章　朋友要求太过火，“不”字就是挡箭牌

我们遇到困难的时候，自然会想到找朋友帮忙，所以当朋友有难处时，我们也应该搭把手。这是天经地义、无可厚非的。不仅如此，帮朋友一定要尽心尽力，就像办自己的事情一样。然而，如果朋友的要求太过头了，我们没有能力，或者说办了违背自己做人的准则的时候，我们也应该毫不犹豫地把“不”字说出口。有些人碍于面子，不愿意说这个“不”字，其实大可不必。如果对方真是朋友，他必然可以体谅你的苦衷，如果他只是想利用你，并且一而再，再而三，这样的“朋友”丢掉也不可惜。另外，从你自身的角度来看，如果朋友要你办的事你办不到，即使当下勉强答应了，到最后甚至把局面弄得更难堪。所 以，该说“不”的时候就说出来，不 要怕得罪什么人。

1. 办不好的事就设法推托

"现实"的处世哲学提醒我们：当同事或亲友托你办某事时，当领导委托你做某事时，请你一定不要不假思索地满口应承。至少也要冷静一分钟，在大脑中转一个圈子，考虑这件事自己能否办得到，办得好。对于办不到或办不好的事，就要想方设法推脱掉。

有些人觉得为同事或亲友办事，是自己应尽的责任，如果不帮他办，在情理上就不太对劲，所以有时事情尽管很难办，也不得不勉强答应；有时作为下级，对于领导委托给自己的事，虽然不乐意，但又不好拒绝。如果你是这样一类人，就要提高警惕了，因为这种搪塞性的应承，可能会对你自己产生不利。你可能没有考虑到，如果为了一时的情面接受自己根本无法做到或无法做好的事情，一旦办砸了，同事、亲友、领导就不会考虑到你当初的热忱，只会以这次失败的结果来评价你。

某教师刚分到某中学工作，市教委向该校抽人，要对全市的中学实地考察，并写出调查报告。因某教师还没有安排授课，就抽了他一个。起初，他感觉为难，心想自己刚刚走出校门，不仅对本市教学情况不熟悉，就是对教育工作本身，又能知道多少呢？本不想参加，无奈校长已经开口，又实在不好拒绝，只好勉强服从。

一个半月过去了，别人都按分工交了调查报告，惟有他一个，由于不谙世故，又缺乏经验，对自己分工调查的三个中学连情况都没摸准，更不用说分析了。市教委主任很恼火，责备校长怎么推荐这么一个人，而校长回来又把火撒到这位教师身上，某教师面子受不了，又是气又是羞愧，一下子病倒了，在床上躺了两个星期。

这位教师由于当初不好意思拒绝，最终面子难保，身心都受到了伤害。这对他是个值得吸取的教训。

如果你认为是上级交办的事就不好拒绝，或者害怕因拒绝会引起领导不高兴而接受下来，那么你的处境就会比你把事情应下来而更艰难。所以，办事要量体裁衣，自己感到难以做到的事，要勇敢地鼓起勇气，说声：“对不起，我实在无能为力，您是否可以另找别人？”或者“实在抱歉，我水平有限，只能让您失望了。我想，如果我硬撑着答应，将来误了事，那才对不起您呢！”这样，你才是真正会办事的人。否则，将来丢脸的肯定是你。

还有些事情，虽然并没有超越你的能力范围，但一旦办了，可能就违法、违情、违理，使自己或别人遭受名誉、经济或地位的损害。这时，你绝不能贪图一时之利，而不负责任地答应他，纵容他，一定要慎重考虑可能引起的后果。如果有人想整治别人，编造假的事实，求你出面作伪证，或者有人想让你同他一起干违法乱纪的勾当，如果你不想与其同流合污，就应有勇气拒绝这类无理的要求。

另外，有人请你代其完成工作，你的同事把自己分内的工作往你身上推，此类情况，都应拒绝。因为，形形色色的人在社会舞台上都扮演了不同的角色，每一个人都有自己的责任和义务。既然承担了某种社会责任或契约，就应该践行。如果当他们不能完成任务时，你就为他们去分担责任，那你是明帮暗害他们，因为那样做就束缚了他们的自信心，助长了他们的依赖性。

的确，拒绝别人的要求是件不容易的事，这一点大家都有体会。而当别人央求你，你又不得不拒绝的话，更是叫人头痛，因为每个人都有自尊心，希望得到别人的重视，同时又不希望别人因为自己而不愉快，所以，也就难以说出拒绝之话了。

不过，当你经过深思熟虑，觉察到答应对方的要求将会给你或他带来伤害时，那么，就应该果断拒绝，而不要为了面子问题，做出违心的事来，那样对双方都没有好处。

2. 不要替人“背黑锅”

别人一时有难，伸出你的援助之手拉他一把，确实是应该的。但是拉他之前先要把后果想清楚，不能不管什么人、什么事都无条件地承担，因为这样有可能会给你自身带来伤害。

一家公司出了一桩严重的事故，上级部门要来追查责任。负责人对下边的人恳求说：“你们就说那天我有事正好不在，是你们自作主张，只要我免于处分，我自有办法保护你们”。

有几个下属竟然同意了。他们中间各有各的想法，有的认为：“头儿对我不错，关键时刻不能出卖他。”有的则想：“这是大伙的事，也不能叫头儿一人承担，他倒了，我们也没个好，不如先保下他再说。”还有人认为：“头儿要我们保他，不保也不行，保就保吧。”

这种替上司“背黑锅”的行为是十分危险的。

一般而言，有关工作的指示和命令，是由上级发出的，下属只是执行而已。照理说，责任是在上级。希望通过帮助上级逃避责任来解救自己，是十分幼稚的想法。责任是大家共同承担的，这好比很多人抬一块大石头，一个人扔掉了，另一个肩膀上只会觉得更重些，而不可能感到轻松，这是显而易见的。只有大家共同来承担责任，每个人所得到的才是应该属于自己的那一份。

事情有大小，责任也有轻重。有的下属习惯替上级“背黑锅”，万一受到了严厉的惩罚，再后悔就来不及了。所以，为了防患于未然，作为下属，平时就该对工作的责任界限分辨清楚，各办其事，各行其责。

不要以为替上级“背黑锅”将来总会有些好处。“好处”应该是光明正大地争取来的，用“背黑锅”的办法去换，既不光彩，也未必合算。或许，上级能给予你的好处，比起你“背黑锅”所受到的损害来，只有百分之一。所以，如果有人来求你，让你替他分担责任时，你一定要搞清这种责任的性质，不可随便答应，以免生后患。

当然，在日常生活中，人与人之间的请求、帮忙的事儿像这么严重的毕竟不多，大多是鸡毛蒜皮的小事。但事情无论大小，都应小心对待。为人处世，首先要懂得自我保护，使自己的利益、名誉等不受损害。以下几种情况必须积极为自己辩解开脱，千万不可轻易“背黑锅”。

（1）如果是一些十分重要的恶性事故，是某种造成重大的经济损失或政治影响的事故，不管怎么样，都应该据理为自己申辩。这里已经不存在什么情面和技巧的问题。如果你仍然为顾全上级的面子，而把苦果往自己肚子里吞，其后果是不堪设想的。

（2）在涉及到触犯国家法律的事情时，也应该毫不客气地、实事求是地进行有力的申辩。在这种情况下，如果你还要为上级或某人掩饰，就只能是害了自己。而且，在法律面前，谁也不可能徇情保护你，也不要寄希望于那些虚假的承诺。

（3）如果是某些其他人为了推卸责任而往你身上栽赃，或者是有人对你有意见而故意向上级打小报告，陷害你，那么，你完全可以进行申辩，以有力的事实向上级证明你的能力和忠于职守，并揭露那些心术不正的人的种种诡计。否则，你就只能吃哑巴亏。

3. 说“不”是一个人的权利

如何拒绝而不得罪人，是做人的一大学问，拒绝很难，说“不”更难，但如果别人的要求不合理，与其答应，还不如尽快说“不”，因为拒绝可能造成一时的难堪，而勉强答应则会留下长久的伤疤。要知道，说“不”是你的权利。

与人交往，说“不”是非常困难的事，其实说出来也可以避免许多麻烦，尤其是那些你根本做不到的事。

明人潘游龙的《笑禅录》里有一则小笑话：甲和乙是朋友。一日甲病了，愁眉苦脸的。乙来探望，问：“兄是何病？有什么需要我办的？我都能为你办。”甲说：“我是害了银子的病，只需要二三钱便够了。”乙即假装没听清，咽了咽唾沫说：“你说什么？”

笑话本意是在讽刺虚假的朋友，但从中我们也可体会到，拒绝别人的不合理要求时，人通常会产生的尴尬心理。

在生活中，我们经常会遇到他人的请求，比如借钱、帮忙做事、下属提出加薪的要求等等。如果我们对这些请求并不是愿意接受的，却又不好意思说“不”，我们就会使自己陷入十分为难的境地。

一般来说，我们应该尽可能地帮助他人，因为乐于助人是做人的一种美德。但帮助别人不能没有原则。对方的请求，有的是不合时宜或不合情理的，有的是我们没有义务一定要承受的。

比如有的人明明自己有存款，还向你借钱，原因是怕自己提前取款会损失利息。这样的请求就明显太自私了。有的人好贪便宜，见你有好东西，比如好字画、盆栽摆设，便大大咧咧张口："送给我吧！"这种"夺人所爱"的"请求"也是让人反感的。

还有些请求，是强人所难，或根本就是无理要求。对这一类请求，我们心里老大不乐意，却为什么常常点头答应呢？究其原因，大概有这么几个：

（1）接受比拒绝更容易；

（2）担心拒绝后会触怒对方或受到报复；

（3）为了给人一个好印象；

（4）不了解拒绝的重要性；

（5）不知如何说"不"。

其中，不知道如何拒绝，是令人们最犯难的事，但如果你掌握了一些技巧，也就不难了。总结了一些生活中的经验，我们可以拿来借鉴一下：

（1）耐心地倾听对方所提出的要求，即使是在他述说的半途你已知道非加以拒绝不可，你也应该认真地听他把话讲完。这样做，既是为了更确切地了解他请求的内容，也是对对方的尊重。

（2）如果你无法当场作出接受或拒绝的决定，你就要明白地告诉对方，你还需要考虑，并告诉他所需考虑的时间有多长。你可以说："明天我再答复你。"或"让我先了解一下情况，过两天给你个准信儿。"但是你绝不可以把"需要时间考虑"作为拖延下去的挡箭牌。

（3）当你拒绝时，应该表明你对他的请求是认真考虑了的，你也了解了对方提出的这一请求的重要性，你可以把你的一些想法和建议拿出来，这表明虽然你不能解决，但已经尽量想办法了。

（4）拒绝时，你在表情上应和颜悦色。最好说一声："谢谢你对我的信任，不过……"你可以略微表示歉意，但切忌过分地表达歉意。那样，对方会认为你不够真诚，因为你如果真的感到那样过意不去，那么你为什么不接受请求呢?

（5）拒绝时，你对对方和颜悦色，但同时也要显露出坚定不移的态度。这就是说，你要暗示给他，你不会因为他再三的请求而改变你拒绝的决定的。

（6）最好能给对方说一说你拒绝的理由。这是为了取得对方的理解和谅解。但这并不意味着你在每一次拒绝时都要附以理由。有时不说理由反而会显得真诚。你可以说：“真抱歉，这一次我无法为你效力，希望你不介意。”相信不会产生不良后果。如果你讲了理由，对方试图推翻你的理由，你切记不可和对方争辩，只需重复拒绝即可。

（7）要让对方了解，你拒绝的是他所请求的事，而不是他本身，你是对事不对人的。这次拒绝了，不妨碍下次提出别的请求，也许下次就可以帮上忙了。

（8）切忌通过第三者来拒绝某一个人的请求。这只会让对方认为你既缺乏诚意，又怯懦。

关于拒绝的技巧，有人提出了一种有效方法，叫做“破唱片法”。损坏的唱片会一遍又一遍地重复同一句歌词，“破唱片就是不断重复一种拒绝”。

有一次，几位勤工俭学的大学生来向“破唱片法”创始人推销大百科全书。他说他对大百科全书不感兴趣。这些大学生就采取迂回战术来说服他，以达到他买书的目的。而“破唱片”也就开始“唱”了——

大学生：“你对教育感兴趣吗？”

“破唱片”：“感兴趣，但我对买百科全书不感兴趣。”

大学生：“你有小孩吗？”

“破唱片”：“有一个，但我对买书不感兴趣。”

大学生：“你对你孩子接受的教育水平满意吗？”

“破唱片”：“也许是满意，也许是不满意，我说不好，但我对买大百科全书不感兴趣。”

最后，大学生们以为他真的不可救药了，只好善罢甘休。

从长远的观点来看，我们要想使拒绝的话真正起到作用，必须不带感情地使用这种技巧，只有平静地重复自己的观点，才能躲避操纵性的言语陷阱、辩论。

如果你遇到了一位请求者。他一而再、再而三地提出无理要求，并试图说服你，你不妨当一次“破唱片”来拒绝他。

4. 你不可能让所有人满意，该拒绝就拒绝

每个人都具有个人的感觉，每个人都会根据自己的想法来对待世界。面对现实的无理要求，你应该学会拒绝，不要试图让所有的人都对你满意，否则你将永远也得不到快乐。

很多人做事喜欢依着别人的意见而做，听到一种意见就改变自己的方式方法。人家叫他怎么做，他就怎么做。结果导致大家都有意见，而且谁都不满意。这样做事的人，本身就是没有主见的，无法分辨是非对错，或者是耳根子软，又不想得罪任何人，极力想讨好每一个人。

实际上，做人做事想面面俱到是绝对不可能的。因为每个人的主观感受和需要各不相同，看问题的角度不同，所持的观点、立场也不同，这就导致他们之间的意见是不同的，有时甚至是矛盾的。这就决定了你的做法只能取悦某一类人，而要得罪另外一些人。

所以，做你该做的，不要一味听从别人的意见，对一些人的意思或要求要学会说“不”，这才是正确的选择。因为，没有人能做到让人人都满意。

当你说“不”的时候，所拒绝的是事而不是人，所以你必须尽全力将人与事区别开来。与其说“我不能为你做某事。”不如说：“我不能做某事。”要想正确地说出“不”字，你还需要学会以下的一些法则。

（1）用行动而不是用语言去说服人

如果有什么人找借口逃避自己的责任，而你通常的反应不过就是抱怨

几句然后自己去做，那么你就可能助长了这些人的嚣张气焰。如果你打算通过一次冗长的讨论来让人理解你，那么你会发现那是无效的。必须等到你学会了有效的行为方式，否则你仍然会受到被欺负的困扰。这就表明，你的行动胜过千百万句深思熟虑的言语。当你遇到应该别人做的工作而他忘记的时候，就提醒他一次。如果他置之不理，就给他一个期限。如果他无视这一期限，你就应该给予他一些惩罚。一次教训，要比千言万语更能让他明白你所说的“职责”的意思。

（2）从退让到拖延到回敬的过程

也许是你的顶头上司，也许是与你有关系的某权力部门的领导，向你提出了一项在你看来是不可能的要求，你怎么办？比如他硬要你改变发票的申请程序，你当然不能一口拒绝。首先，你要为自己争取一点时间：“我会慎重考虑你的建议。”但如果他依然固执己见，一天一天地找你，你还是需要气定神闲的回应：“我需要时间评估此事，这样我们才知道如何进行。”如果这样还是甩不掉他，你可试着提供给对方一个替代或折中方案：“我想改变其中的某个细节也许行得通。”到了最后关头，你就只能向对方直说：“我了解你的意思，但是在目前的情况下，你的方式不适合。”

（3）应该以协商的方式取代断然拒绝

你必须具备清楚的目标，并据此切实地与对方商谈，并且对于可能发生的冲突要做好完全的准备。弄清楚自己想要什么，底线在哪里，预计可能的反对意见和对策。这样做不但可以避免自己犯下错误，也可以让参与商谈的相关人士知道，你是有备而来的。

（4）不要再说那些招惹别人欺负你的话

“我是无所谓的。”“我可没什么能耐。”“我从来不懂那方面的事情。”诸如此类的推托之词，就像是为其他人利用你的弱点开了许可证。举个例子来说，当服务员合计你的账单时，如果你告诉她你对计算一窍不通，那你就是在暗示她，你不会挑什么“错儿”的。这就给了别人以可乘之机。如果你遇到的是一个善良之辈，也许你还能得到比较公正的待遇，但若是遇到心术不正的人，那就是“宰你没商量”了。

（5）别隐藏你的真实想法

有的人说话喜欢绕圈子，把自己的真实想法隐藏得很深，还自诩为“含蓄”，实际上这样很容易给人造成误解你的空子。与隐瞒自己真实的感受相比，不含糊的回绝更能赢得人们的尊重。

在我们日常工作和生活中，当别人提出了某项要求或请求时，自己心里明白拒绝了对自己更有利，但是出于面子和感情的缘故，“不行”两个字好难讲出口，怎么办？坦白直率的拒绝或严词拒绝未尝不可，但这样往往使对方产生不快，认为你不近人情。其实，拒绝也是有一些技巧的，掌握了这些技巧的恰当运用，既可以达到拒绝的目的，又不致使对方难堪。具体的招数，有以下几种。

（1）寻找借口，借助别人说“不”

在某些情况下，你对问题的处理虽然代表了你自己的意见，却没有说服力，往往使对方难以接受。那么，你可以考虑借助某种具有威信的专业人士的名称来作为回绝对方的理由，比如你在银行工作，顾客要求你延长他的贷款还款期限，而这件事你虽然明知是不可行的，但这是银行的一个大客户，你又不想得罪他，你就可以说：“李先生，我也很想继续延长您的贷款期限，但是我们的律师不同意。”在这种情况下，要注意的是，不要说出这个你借助的对象的名字，因为这会使对方理解为你在推卸责任，甚至引来不必要的麻烦。

（2）先肯定，后否定地说“不”

每个人都喜欢听顺从自己的意见，这是绝对的。当我们面对某些不得不拒绝的情况，如果一开始你就说：“你不对！”“你错了”之类的话，相信谁也不愿意接受。相反，你先肯定对方的某些细微之处，再表明自己的态度，对方才有可能考虑到你的提议。比如，你说："我也同意你的这些说法，但是在目前的情况下，我们只能……"或者"我以前也是这么想的，但是后来我发现……"要知道，学会艺术地说"不"，首先就要懂得运用"但是"。

（3）动之以情，晓之以理地说"不"

当你学会拒绝的艺术时，你会懂得最好的拒绝不是用不近人情的说教来劝服人，而是给对方提一些他能够接受的，同时又是对自己有利的建议。曾经有一位销售壁纸的小姐，她的一位顾客订了一种壁纸，销售小姐为她提供了很好的售后服务，不仅送壁纸到家，并且还帮她贴好，工作刚刚完成时顾客很满意。但没过多久，这位顾客突然打电话来坚持要求退货，她说因为她丈夫不喜欢这种壁纸，所以她改变了主意，想要另一种图案的壁纸。这位壁纸销售小姐没有马上拒绝，她说："张太太，我很抱歉你先生不喜欢你所选定的壁纸，但是我们已经按照订单将壁纸安装好了。我虽然不能退你钱，但是可以在新壁纸的价钱上，给你相当的优惠，而且我们愿意免费为你去除旧壁纸。除了这个办法以外，也许过段时间你可以说服你先生，你买到的是最好的壁纸，是现在非常流行的图案，而且颜色也很适合你们家。你真的很有眼光！"后来的结果是，这位张太太不再坚持退货，而且不久她又从这位销售小姐手里买走了另一种壁纸。

（4）用提出有效建议的方法表示诚意

在工作上，如果你想在不冒犯对方或其请求的情况下拒绝，可以提出一些具体的建议来表明自己的诚意，比如，同事提出请求帮忙时，你可以说："这份报告我不能代你来写，但是两个星期后我可以帮你。"而不要敷衍地对同事说："这次帮不上忙，下次吧。"这样对方会认为你根本就不想帮忙，谁知道"下次"是什么时候呢？

（5）说明拒绝的理由，再把可行的条件开出来

"不"是一个让人从心里反感的字眼，它对人、对事皆会产生一定影

响。所谓拒绝的艺术，就是尽可能将一个黑白分明的字眼转为有层次的灰色。只要你在说“不”的同时，清楚地阐明何种情况下才是可行的，就可以坚定地拒绝对方，而不至于听起来不合理或顽固不通。再以银行工作为例，对于要求增加贷款而实际上又达不到要求的客户，可以用以下的理由来拒绝：“我们无法扩增您要求的五万元的贷款额度，但是这一次我们可以先为您提供一万元的临时贷款额度，等我们之间的业务往来达到一定数量的时候，我们可以再考虑增加您的信用贷款额度。”“我们不能提高您的贷款数额是因为您有延迟还款的记录。如果您愿意，我可以在半年之后再检查您的信用记录。这样您就有充足的时间，结付一些未清的款项，届时我们再讨论您的申请。”

5. 拒绝别人要“方”中带“圆”

对于不正当的请求，我们必须拒绝，这是“方”的一面，但是拒绝别人毕竟会造成尴尬，我们还要讲究方法、策略，也就是说“方”中不能不带点“圆”。

陶行知在取得金陵大学文科第一名的成绩后，于1914年赴美留学，在那里获得博士学位后，于1917年回国。

归国后，陶行知在南京高等师范学校任教务主任。有一次，高师附中招考新生，国民党政府一位姓汪的高级官员的两位公子也来报考。可是，这两位公子平日只知吃喝玩乐，从不认真读书、学习，结果考试成绩低劣，未被录取。那位汪长官便打电话给南京高等师范学校找陶行知，要陶行知通融一下，录取他的两个儿子入学，被陶行知婉言拒绝。

第二天，汪长官派自己的秘书亲自到校，找陶行知当面求情。这位秘书一见陶行知便说明来意，请陶行知在录取两位汪公子入学问题上高抬贵手。

陶行知郑重地告诉来者：“敝校招考新生，一向按成绩录取，若不按成绩，便失去了录取新生的准绳，莘莘学子将无所适从。汪先生两位令郎今年虽未考取，只要好好读书，明年还可再考嘛。”

秘书见陶行知毫无松口之意，便以利诱的口吻说道：“陶先生年轻有为，又有留洋学历，只要陶先生在这件事上给汪先生一个面子，今后青云直上，何患无梯？眼下汪先生就会重重酬谢陶先生的。”

说罢，从皮包中取出一张银票递了过来：“这是汪先生一点小意思，希望陶先生笑纳。”

陶行知哈哈大笑，推开秘书的手，说：“先生，我背一首苏东坡的诗给你听听：‘治学不求富，读书不求官。比如饮不醉，陶然有余欢。’请你上复汪先生，恕行知未能从命。”

秘书满脸通红，他站起来，收起银票，改用威胁的口气说：“但愿陶先生一切顺利，万事如意，将来切莫后悔。”

说罢，悻悻而去。

陶行知先生运用引用的方式来明志和拒绝，可以说是一种有效的策略——这只是“方”的一面。但是，弄得秘书恼羞成怒悻悻而去，就容易给自己造成隐患，所以这不能算是一种高超的策略。那么，该怎样拒绝别人，才能既达到自己的目的，又尽量不得罪人呢？这就需要一些“圆”的拒绝技巧。

（1）掩耳盗铃

人们碍于面子，很多话当面说不出口，装作自言自语说出心中所想，对方便会知趣而退。

在自言自语中，当事人没有“意识”到自己将内心想法暴露无遗。因此，在会谈时，有意识地运用这种方法，可将自己不好意思直接说出的话间接表达出来。比如，你可以说：

“我现在能不能这么说呢？”

“不行，我到现在事都没办好。”

“我怎么会立即和他交谈。”

对方听到后，便会觉得索然无味，自动停止说话。

（2）装傻拒绝别人

推销员一进门，就迎出来一个白发老头。青年推销员恭恭敬敬鞠了个躬。“喔，喔，可回来了！你毕竟是回来了。”老头脱口而出，“老婆子快出来。儿子回来了，是洋一回来了。很健康，长大了，一表人才！”

老太太连滚带爬地出来了。只喊了一声“洋一！”就捂着嘴，眨巴着眼睛，再也说不出话来。推销员慌了手脚，刚要说“我……”时，老头摇头说：“有话以后再说。快上来，难为你还记得这个家。你下落不明的时候才小学六年级。我想你一定会回来，所以连这个旧门都不修理，不改原样，一直都在等着你呀。”

推销员实在待不下去了，便从这一家跑了出来，喊他留下来的声音始终留在他的耳边。

“大概是走失了独生子，悲痛之余，老两口都精神失常了吧？倒怪可怜的。”他想着想着回到了公司，跟前辈谈这件事。老前辈说：“早告诉你就好了，那是小康之家，只有老两口，因为无聊，所以这样捉弄推销员”。

“上当了！好，我明天再去，假装是儿子，来个顺水推舟，伤伤他们的脑筋。”

“算了，算了吧，这回又该说是女儿回来了，拿出女人的衣服来给你穿。结果，你还是要逃跑的。”

用装傻的手段捉弄和对付难缠的推销员，不失为一种高明的手段。

（3）先予承认，再找理由婉拒

承认对方，是一种礼义，在承认之后，一句“但是”，便可以扭转话题，提出你自己的立场，所以不必担心“承认”会果真如你所“承认”的那样。

有些时候，用“我真想帮你的忙，但是……”推出你已运筹于胸的一系列理由，其意思和你说“不行，这是绝对不可能的”是同一立场，但听起来顺耳、动听多了。

英国陆军统帅阿瑟·韦尔斯利·威灵顿曾因成功地指挥了英国对拿破仑的半岛战役被封为公爵，以后他又和普鲁士将军布吕歇尔在滑铁卢最终击败了拿破仑。

他早年曾在印度服役，在阿萨战役时，他负责同一名印度官员秘密谈判。这位官员急于想知道能割让多少土地给他们，但想尽办法都不能让这位将军开口。最后这位印度人说，只要韦尔斯利透露给他这个消息，他愿出50万卢比酬金。

韦尔斯利问他：“你能保密吗？”

“当然，我能保密。”印度官员急切地答道。

“那我也能保密。”韦尔斯利说。

（4）尽量少用否定对方的字眼

拒绝别人的时候尽量不要用否定对方的字眼，因为这样最容易伤感情。与人交往中，遇到你必须拒绝的事情，也不能伤害对方的感情，这时你可以寻找一些托词，如：“待我考虑考虑再答复你吧！”

用这种办法，可以摆脱窘境，既可不伤害对方的感情，又可使对方知道你有难处，比干脆毫不含糊地讲“不”要强得多。

拒绝对方，一定要讲究策略。圆滑婉转地拒绝，对方会心服口服；而如果太“方”，生硬地拒绝，就会让对方产生不满，甚至怀恨在心。所以一定要记住，拒绝对方，尽量不要伤害对方的自尊心。要让对方明白，你的拒绝是出于迫不得已的，并且感到很抱歉，很遗憾，尽量使你的拒绝温柔而缓和。

另外，避开实质性的问题，故意用模棱两可的语言做出具有弹性的回答，既无懈可击，又达到在要害问题上拒绝的目的。以下这位著名造船家对权威的婉转评价很值得借鉴：

德皇威廉二世设计了一艘军舰。他在设计书上写道：“这是我积多年研究，经过长期思考和精细工作的结果。”并请国际著名的造船家对此设计做出鉴定。

过了几周，造船家送回其设计稿，并写下了下述意见：

“陛下，您设计的这艘军舰是一艘威力无比、坚固异常和十分美丽的军舰，称得上空前绝后。它能开出前所未有的高速度，它的武器将是世上最强的，它的桅杆将是世上最高的，它的大炮射程也将是世上最远的。您设计的舰内设备，将使舰长到见习水手的全部乘员都会感到舒适无比。你这艘辉煌的战舰，看来只有一个缺点：那就是只要它一下水，就会立刻沉入海底，如同一只铅铸的鸭子一般。”

6. 委婉拒绝，对大家都好

当别人向你提出要求和帮助时，你也许是有口难言，也许是爱莫能助，或者因为对方的要求不合理，或者因为对方所求的事情不可行。从原则上、逻辑上讲，是应该直截了当加以拒绝的，但如果你在拒绝的时候加一点技巧，大概会比生硬地说“不”好一些。

在社交过程中，一个“不”字是很难说出口的，因为拒绝不当就容易令对方不快甚至恼恨，许多人就是因为拒绝不当而失去了朋友、得罪了领导、惹怒了合作伙伴。所以，掌握一点说“不”的艺术是很有必要的。“现实”之人拒绝他人时总的原则是，不能损伤对方的自尊心，不能使对方难堪。这里介绍几种常见的拒绝方法：

（1）委婉含蓄拒绝法

这种拒绝法不是就事论事、直接拒绝，而是通过顾左右而言他，间接地、巧妙地、委婉地加以拒绝。这种拒绝法特别适用于有人为某事向你求情，而你在原则上又不能答应的情况。例如：

清代的郑板桥在当潍县县令时，查处了一个叫李卿的恶霸。李卿的父亲李君是刑部官员，得讯后急忙赶回潍县为儿子求情。李君以访友的名义拜访郑板桥，郑知李的来意，故意不动声色地看李君如何扯到正题。

李君看到郑板桥房中有文房四宝，于是向郑板桥要来笔墨纸砚，提笔在纸上写道：“燮乃才子”。郑板桥一看，人家是在夸自己呢，自己也得表示表示，于是也提笔写道：“卿本佳人”。

李君一看心里一亮："郑兄，此话当真？"

"君子一言，驷马难追！"

"我这个'燮'字可是郑兄大名，这个卿字？"

"当然是贵公子宝号啦！"

李君心里高兴极了："承蒙郑兄关照，既然我子是佳人，那就请郑兄手下留情。"

"李大人，你怎么'糊涂'了？唐代李延寿不是说过'卿本佳人，奈何做贼'吗？"

李君脸一红，只好拱手作别了。

郑板桥巧妙地利用李卿的"卿"与现成话"卿本佳人，奈何做贼"的"卿"字同音同义的关系，委婉含蓄地拒绝了李君的求情，既坚持了原则，又不使对方太难堪。

（2）先退后进拒绝法

不把自己的反对意见说出来，相反，先退一步，表示同意对方的看法，然后再针对对方所提出的问题，摆出自己的不同看法，叫做先退后进拒绝法。这种方法特别适宜于拒绝权威性人士的意见，既达到了自己拒绝的目的，又使对方不失体面。

（3）强调客观拒绝法

这是一种强调说明，主观上我是愿意尽力帮忙的，但是客观上却有许多障碍，确实是爱莫能助，以客观的诸多原因来加以拒绝的方法。

（4）诱使对方自我否定拒绝法

如果认为对方要求不合理，又不便直接向对方提出来，不妨玩点小花样，设下圈套，诱使对方自己否定自己。运用这种诱使对方自我否定的拒绝方法，必须反应灵敏、机智，方能不露破绽地令对方落入自己设下的圈套。

（5）给对方提出合理建议拒绝法

在阐述自己无法帮助对方的苦衷时，不失时机地给对方提出一些合理的建议，使对方感到你在间接地帮助他，这样就弥补了因拒绝而造成的不快。

生活中，不可能不拒绝别人，但如果每次拒绝都带来隔阂，带来仇视敌意，那最后必将成为孤家寡人，所以，要学会巧妙拒绝，这样你在做人做事上才不会吃亏。

7. 把逐客令说得美妙动听

在我们生活中，可能会遇到许多不速之客，当我们想静下来休息一下，或家人一起共享天伦的时候，他跑来唠叨个没完没了。如果纵容他，就会白白浪费时间；如果直接表示拒绝，又会伤感情，真是左右为难。其实没有这么麻烦，只要你逐客令说得美妙动听就可以了。

有朋友来访，促膝长谈，表达友情，交流思想，不仅是生活中的一大乐事，而且是人生道路上的一大益事。但现实生活中，也有给我们带来了不方便的不速之客。

工余饭后，你刚想静下心来读点书或是做点事，而不请自来的客人却常扰得你心烦意乱。他东家长西家短，唠唠叨叨，没完没了，一再重复你毫无兴趣的话题且越说越来劲。你勉强敷衍，焦急万分，真想对他下逐客令而又怕伤感情，难以启齿。但如果你“舍命陪君子”，那么你又将一事无成，因为你的时间——世界上最宝贵的东西，白白地被别人占去了。

那么，应该怎样对付饶舌常客呢？最好的对付办法是，把逐客令说得美妙动听，这样你就能两全其美：既不挫伤朋友的自尊心，又可以为自己节省了宝贵的时间。下面的几种方法可供借鉴。

（1）用委婉的语言来提醒、暗示不速之客

跟冷酷无情的逐客令相比，这种方法更容易被对方接受。例如：“今晚我有空，咱们好好畅谈。从明天开始，我就要全力以赴准备材料，我争取这次能评上工程师。”这两句话的意思是：请您从明天起别再来打扰我了。

再如：“最近我妻子身体不适，吃过晚饭就想睡。咱们是否说得轻一点？”此话虽然用的是商量口气，但传递的信息十分明确：你的高谈阔论有碍女主人的休息，还是请你少光临为妙吧！

或者也可以说：“这是我第一次发表的文章，请您指正。我想今后尽量多挤些时间写写东西，我还年青，真想有所作为啊。”这番话似乎很尊重对方，但“请您指正”只是虚晃一枪，而“真想有所作为”的感叹却是在提醒对方：请你今后别再来纠缠不休了。

（2）写出你的愿望和要求

有些不速之客反应较迟钝，婉转的逐客令常常难以奏效。对待这些人，不妨用张贴字样的方法代替直率的语言，表达使人一见就明的意思。影片《陈毅市长》里，有一位著名的科学家，在家里客厅的墙上贴上“闲谈不得超过三分钟”的字样以提醒来客。如果你张贴了类似字样，纯属“闲谈”的饶舌者就不好意思喋喋不休地说下去了。

我们可根据具体情况贴一些如“孩子即将参加高考，请多关照”、“主人正在自学英语，请谅解”之类的字样，制造一种努力拼搏、惜时如金的氛围，使闲谈者望而却步。

从常理上说，字样是写给所有的来客看的，并非针对某一位，因而不会使哪位来客有太多的难堪。当然，在不速之客知趣地告辞时，主人可送到门口并致意：“真抱歉，等这段时间过去，欢迎你常来。”

（3）过分热情，让对方不自在

不速之客一到，你就笑脸相迎，赶忙沏茶倒水，捧出瓜子、糖果，喊着到处找烟，很有可能把他吓得下次不敢贸然再来。你用接待贵宾的高规格，他一般也不敢老是以“贵客”自居。

（4）主动出击

看准来访者一般是在每天何时到你家的，你不妨在他来访之前一刻钟先“杀”上门去：“您多次来访，礼尚往来，我应回访您，否则太失礼了。”于是你由主人变成了客人，他则由客人变成了主人。

这样，你就争得了掌握交谈时间的主动权，想何时回家，就何时告辞：“最近我有些急事要处理，改日再谈吧！”更重要的是，你杀上门去的次数一多，他就被你牢牢粘在自己家里，原先每晚必上你家的行为定势就有望改变。过了一个阶段，你“班师回朝”之后，他很可能不再“重蹈旧辙”。以攻代守，先发制人，其实是特殊形式的逐客令。

必须注意的是，不管使用何种方法，主人都必须不失热情。因为不速之客一般是邻居、亲戚、同学、同事，主客之间相当熟悉，切忌用冷冰冰的表情和尖刻刺耳的语言刺伤对方，也不宜用爱理不理、屡屡看手表等方式表示烦厌之意，免得以后见面时尴尬。

第九章　做人不可奸诈，但要方圆

无论你要做什么样的人，千万不能沾上“奸”字，因为一沾上这个字，你的一生就完了，无论你日后怎样“浪子回头”、“金盆洗手”，它始终是你人生中的一个污点。要知道，奸诈的人不会有好人缘，可能一时风光，占尽便宜，却迟早会栽跟头，搬起石头砸自己的脚。虽然做人不能耍“奸”，但却不能不“方圆”。所谓“外圆内方”，说的是做人在内心当中应该是刚正不阿、顶天立地的，但在处世之时却不得不讲究一点圆通之术。古人云：“水至清则无鱼，人至察则无徒。”做人不可太“方”，太“方”了就有些不近人情，导致众叛亲离。同时，做人也不能太圆滑，这样会让别人对你产生一种小人相，也不愿与你交往。

1. 待人要圆通

为人处世当软则软、该硬就硬，作为一种策略，或者作为一种交际手段，无论任何情况，都不可偏颇。

人生在世，待人接物，应当和颜悦色，与人为善，因为在大多数情况下，大家还是能够和和气气相处的。当然，工作生活中少不了各种各样的矛盾，但矛盾只要不是很尖锐，就没有必要怒发冲冠，把局面搞得很僵。

所谓凡事好商量，有话好好说，都是人们待人接物中常有的温和态度和常用的退让方法。但是，并不是所有的时候温和的手段都灵验，社会上有的人就是欺软怕硬，得寸进尺，把妥协退让当成软弱可欺。你越是好言相劝，苦口婆心地讲道理，他越是不依不饶。在这种情况下，就必须采取强硬的态度和手段了。

《水浒传》中大相国寺菜地中的一群泼皮无赖，就属于这样一种欺软怕硬之徒，对待这种人，讲道理是没有用的，只能玩硬的。他们整天偷鸡摸狗，不务正业，以到大相国寺的菜地中偷菜为生，还欺负寺中的和尚。鲁智深知道后，原本还想好好给他们讲讲为人处世的道理，可是他们欺负鲁智深是新来的，又不了解他的底细，想一来就给他一个下马威。结果一群人被鲁智深打入了粪坑，吃了大亏，最后终于服了软。如果鲁智深还是像以前那些管理菜园的和尚一样，没有一些拳脚手段，把这帮人打得服服帖帖，最后就只能自己吃亏。

在人际交往活动中，软与硬的两手是相辅相成、密切联系的。如果有所偏倚，自己便要吃亏。为人不能太软弱，那样就会给人以废物点心的感觉，都觉得你好欺负，于是你就自然而然地会经常受到别人的戏弄与伤害。

然而我们也不能走到事物的反面，不可以总是态度强硬，好勇斗狠。一个人太强硬，必然使人觉得他头角峥嵘，浑身是刺，不敢惹他。但是，这种强硬积累到一定限度，会导致难以预料的后果，以至于弄得千夫所指，触犯众怒，到时候谁也救不了你。

在平时，我们最好还是要软硬兼施，因为生活是复杂的，一个人的心情是多变的，在不同的事情上，人们会采用不同的态度和策略。所以，我们要表现得灵活一点，针对不同的情况，随机应变，采用多样的方法。涉世不深、初入社会的人，或者过分软弱、过分善良，或者态度固执、目空一切，因此就更有必要了解软硬兼施的效用，有点软硬两手交替使用的谋略与机变。

甚至在爱情上，对自己钟爱的人，也要表现得灵活、果断、态度鲜明，尤其是男子，更须具备这种心理的自觉。夫妻之间，闹矛盾了，翻脸了，总要有一方主动道歉，抚慰对方，这是软的。但如果是重大原则问题，感情危机，则必须坚持原则，据理力争，舍得批评自己从心底爱着的人，并且坚决不可让步，这是硬的一手。严格地说，只有经历风雨考验的爱情才是真实的、牢固的。

在事业上，软硬兼施更是必不可少的手段。《三国演义》中诸葛亮借荆州就充分运用了软硬兼施的手段，而且运用得非常高明。诸葛亮是运用武力占据了荆州，但是他非要和东吴说是暂借荆州，这就是软的一手，用这一招给东吴以幻想，让他们以为还能够通过和平手段要回荆州，所以难以下决心动武。可是，当东吴催讨荆州的时候，诸葛亮又采用软硬兼施的手段，一方面赖着不还，另一方面又威胁动武，把东吴弄得打不是，不打也不是。运用这一手，诸葛亮达到了长期霸占荆州的战略目的。

所以，软与硬，作为一种策略，或者作为一种交际手段，无论何种场合都不可偏颇。从理论上讲，软，体现友善、涵养、通情达理；硬，则显示尊严、原则和力量。我们要根据形势变化，灵活运用这两种手段。只要运用得当，对于我们构建和谐、美好的工作和生活氛围是很有帮助的。

2. 进退有法，聪明而不精明

“现实”的人要有审时度势的清醒，有深谋远虑的城府，有欲成大事的胸襟。这就要求我们在做事之前，懂得进退之道，懂得聪明而不精明的处世法则。

一个初次步入社会的年轻人，在一家广告公司任职。自恃有几分才气，十分冲动，很快就把经理得罪了。年轻人渐渐觉得自己在公司的日子不好过了，因为在以后的日子里，几乎每次会议上他都得挨批。

当他挨批成为会议中的保留节目时，他十分苦闷，真想一走了之。但在和朋友倾诉了自己的烦恼之后，朋友问他：“公司里业务的每一个环节你都学会了吗？”他回答说“没有”。“你愿意背着那些洗不清的罪名离开吗？”“不愿意，可是我在哪里也一样说不清啊！”“那不一样。君子报仇，十年不晚，你何不学会了所有的业务之后再离开呢？”

年轻人仔细考虑了朋友的话，认为很有道理，于是他坚持了下来，收拾好心情，低头实干，在公司源源不断地“充电”。一段时间后，年轻人兢兢业业的工作为他赢得了实实在在的业绩，一笔又一笔的业务，也增长了他的信心和经验。而这时候他发现，那些中伤他的谎言也已不攻自破，他不想再离开了。

有句广告语说得好：“进，固然需要努力；退，更需要智慧。”进，单就绝对的前进而言，容易。别人进，我也进，同进同乐，岂不快哉！不用自己的思考，不用独特的视角，不用出众的智慧，顺着大流走就万事俱佳了。但退，却不是那么简单。在茫茫人潮趋之若鹜争抢前方金苹果的时候，旁若无人地从容而退，退出一种泰然，退出一种风度。不用回首，不用瞻前顾后，不用优柔寡断，只向着一个人的方向，义无反顾，举重若轻。这不是一般人能够做到的。

漫漫人生路，退一步、等一等，不过是歇歇脚，为走得更远做准备，低一低头，更是为了昂扬成擎天柱。一次以退为进的等待，能让你从“山穷水复疑无路”转眼便走入“柳暗花明又一村”。航行中的船只，在预见到大风浪的来临时，并不是要迎头冲上去，而是要暂避到无风的港湾。在自己实力强大时，迎头痛击对手是谋略，而在明知不敌之时，暂避锋芒更是智慧。知道进退的人，才能利用时机成就自己。只退不进，是懦夫；而只进不退，则是莽夫。进退得当，才能从容面对成败，潇洒成就人生。

另外，对进退之道的把握，也意味着对聪明与精明的选择。聪明与精明虽然只有一字之差，但概念却是不一样的。“现实”的人选择了一项事业并准备为之奋斗时，他永远明白：要聪明，而不要追求精明。

聪明是什么？不计较眼下的得失，而是把眼光放长远，时刻有一个总体的事业目标，所有的努力都是为这个目标而服务的。所以，在这里，聪明表面看起来是一种“退”，而其实质却是一种“进”。这就像下围棋一样，在布局的阶段是很关键的，不应该总是盯着一些小小的利益，而是必须注意长远的利益。有的时候，你需要舍弃一些棋子，这种舍弃看似很可惜，但却奠定了全局的胜利。一个围棋高手必须掌握这种技巧，一个经营自己人生和事业的人，也必须掌握这种布局的技巧。

相反，精明是什么？这种人总是盯住眼前的利益，不愿意做任何与眼前利益无关的事情，他们要求一张马上能够兑现的支票。最糟糕的是，他们总是这样，无论做任何事情，只要自己没有利益，就根本不考虑，更谈不上做了。这种人做事的风格给人的印象是很糟糕的，因为世界上的事情，并不是每一件都是那么直接与自己的利益相关联的。精明的人最不服人，表面上获得了一些暂时的利益，是一种“进”，但很快就会落入人生的败局，变成“退”，因为他们让所有与之交往的人都感到厌烦。这种人只有在不让自己吃亏的问题上，才能表现出才能和魄力。他们不知道，吃亏有时就是占便宜。

“现实”者都选择“聪明”，因为长远的利益肯定是较大的利益，而眼前的利益从来都是小利。“现实”的人都是很聪明的人，最明白吃小亏占大便宜的道理；“现实”的人总是不惜血本来招揽人才，然后通过人才使他们成功；而“精明”的人总是因为不想吃亏，只想占便宜而失去人心，然后由于人才匮乏和事业无助走向失败。这就是聪明与精明的不同特点与结局。

下面有几个例子很能说明问题：

著名汽车制造商杜兰特手下的总裁叫道尼斯，他曾是杜兰特手下的小职员。道尼斯刚开始工作的时候就注意到，每天下班后，所有的人都回家了，但是老板仍留在办公室里，一直呆到很晚。于是，他觉得应当留下来，为老板提供一些工作上必要的协助，结果，老板随时都可以看到他，从而养成了召唤他的习惯。道尼斯付出了额外的时间和精力，但是，这种吃亏却使他获得了总裁的位置。

美国船王达拉有一位得力的女助手，最早她只是一名速记员，她的工作只是听取老板的口述，记录内容，替老板拆阅、分类及回复信件。薪水同公司其他普通的职员没什么两样。但是，这个员工每次用完晚餐后，总是回到办公室来，积极地做那些本来不是她分内的也没有报酬的工作。她的能力增长很快，有时候替老板写的信，就如同老板自己写的一样。所以，当老板的秘书因故辞职时，老板自然而然地想到了她，因为她早已在做着这样的工作，并且已经有了这样的能力。

布局是很重要的，也是需要智慧的，这种智慧不是那种精明的人所能明白的，他们没有大局观念，总是纠缠在一些边角的争夺上，殊不知，最大的利益往往会因为这些边角利益的争夺而失去。当你在为自己取得一点点小利益而沾沾自喜的时候，你是否会想到，你已经失去了许多更大的利益?

与此相关的就是：聪明的人知道，善待他人就是善待自己，所以，他永远不会将事情做绝。在现实生活中，心存感激的受惠者总是会对施惠者有一种报偿。

曾经有一个贫穷的小男孩，为了攒够学费不得不挨家挨户地推销商品。劳累了一整天的他此时感到十分饥饿，但是他的口袋里却只有一角钱了。他决定向一户人家讨口饭吃。当一位美丽的女孩打开房门的时候，这个小男孩却有点不知所措了，他没有要饭，只乞求给他一口水喝。但是这位女孩拿了一大杯牛奶给他。男孩慢慢地喝完牛奶，问道："我应该付多少钱？"女孩回答道："一分钱也不用付。妈妈教导我们，施以爱心，不图回报。"这位男孩十分感动，本来是打算退学的，但他放弃了这个念头。

数年之后，那位美丽的女孩得了一种罕见的病，当地的医生对此束手无策。最后，她被转到大城市医治，由专家会诊治疗。当年的那个小男孩，如今已是一名大名鼎鼎的医生了，在病房，医生一眼就认出床上躺着的病人就是那位曾帮助过他的恩人。他回到自己的办公室，决心一定要竭尽所能治好恩人的病。经过艰辛的努力，手术最终成功了。

当医药费通知单送到这位特殊的病人手中时，她不敢看，因为她确信，治病的费用将会花去她的全部家当。但最后，她还是鼓起勇气，翻开了医药费通知单，不料那上面只写着一行小字："医药费——一满杯牛奶。”

我们生活在一个大社会、大环境中，我们的一切不仅仅取决于我们自己，同时也取决于其他人。所以，当我们越多地帮助别人的时候，其实就是在帮助我们自己，所以，即使我们不从道德的角度来理解这件事情，我们从功利的角度，也可以明白“善待别人，即是善待自己”的道理。

一个人在帮助别人时，其实也是一种投资，只不过是投资自己的感情，一旦有机会，这种投资得到的回报，将远远超过你的投资，因为人就是这么一种古怪的动物，他愿意报答任何一种真诚而博大的爱！

3. 强人面前莫逞能

要"阴谋"常常为正人君子所不耻，他们永远都恪守着做人"真、善、美"的三原则，殊不知"真、善、美"在太阳底下会光芒四射，色彩斑斓，在黑夜里却不会闪耀光辉。要做"现实"的人，便要懂得在黑暗中"借光"前行，以便迎接黎明的到来。

黑暗中的借光，便是要有点"小阴谋"。只有这样，才不至于看不见东西而被摔倒。斯大林时代的华西里耶夫斯基将军，便是这样的一位高人。

第二次世界大战中，作为前苏联党和国家领导人的斯大林，由于受反常的"自我尊严"的驱使，变得很难接受别人的意见。"惟我独尊"的个性使他不能允许别人比他高明。

莫斯科保卫战前夕，大本营总参谋长朱可夫将军曾建议"放弃基辅城"，以免遭到德军的"合围"。这本来是一个很有战略眼光的建议，但斯大林听不进去，当面骂朱可夫"胡说八道"，并一怒之下把朱可夫赶出大本营。

不久，基辅城果然遭德军合围，守城的红军精锐部队全军覆没。等到斯大林对朱可夫说"你是对的"时，已经是马后炮了。但是，一度当了苏军大本营总参谋长的华西里耶夫斯基，却往往能使斯大林不知不觉中采纳他的正确作战计划，从而发挥出巨大的作用。

在斯大林的办公室，每当斯大林与华西里耶夫斯基谈天说地"闲聊"

的时候，华西里耶夫斯基往往“不经意”地“顺便”说说军事问题，既不郑重其事，也不头头是道。可是奇妙的是，等他走了以后，往往能使斯大林想起一个好计划。过不了多久，斯大林就会在军事会议上陈述这个计划。大家都惊讶斯大林的深谋远虑，纷纷称赞。斯大林自然十分高兴。再看看华西里耶夫斯基本人，也与大家一样显得惊异并且与众人一道表示赞叹折服。这样一来，再也没有人想到这是华西里耶夫斯基的主意，甚至连斯大林本人也不这样想了。但是，上帝最清楚，统帅部实施的毕竟还是华西里耶夫斯基的计划。

当然，华西里耶夫斯基也会在最高军事会议上发表自己的见解，但那方式方法往往令人啼笑皆非。他首先讲三条正确的意见，但口齿不清，用词不当，前后重复，没有条理，声音含混，因为他的座位通常最靠近斯大林，所以只要使斯大林一个人明白他的意思就行了。接着他又画蛇添足地讲两条错误的意见。这会儿，他来了精神，条理清楚，声音宏亮，振振有词，必须使这两条错误意见的全部荒谬性都昭然若揭才肯罢休，这往往使在场的人心惊胆颤。

等到斯大林定夺时，自然首先批判华西里耶夫斯基那两条错误的意见。斯大林往往批判得痛快淋漓，心情舒畅。接着，斯大林逐条逐句，清晰明白地阐述他的决策。他当然完全不像华西里耶夫斯基那样词不达意，含混不清。但华西里耶夫斯基心里明白，斯大林正在阐述他刚刚表达的那几点意见，当然是经过加工、润色了的，不过，这时谁也不会追究斯大林的意见是从哪里来的。这样一来，华西里耶夫斯基的意见也就因为已移植到斯大林心里，变成斯大林的东西，而付诸实施。

事后，曾有人嘲讽华西里耶夫斯基神经有毛病，是个“受虐狂”，每次不让斯大林骂一顿心里就不好受。华西里耶夫斯基往往是笑而不答。只是有一次，他对过分嘲讽他的人回敬道：“我如果也像你一样聪明，一样正常，一样期望受到最高统帅的当面赞赏，那我的意见也就会像你的意见一样，被丢到茅坑里去了。我只想我的进言被采纳，我只想前线将士少流血，我只想我军打胜仗，我以为这比讨斯大林当面赞赏重要得多。”

当华西里耶夫斯基把他的真实想法告诉别人时，人们这时才明白这位军事天才的苦衷。正是他的“小阴谋”和在斯大林面前的弯腰，才使得苏联红军得以用正确的方式击败了强大的德军，取得反法西斯战争的伟大胜利。

4. 不要做试图出桶的螃蟹

我们在生活中会发现：当有人出类拔萃，与别人不一样时，人们普遍的心理不是希望他更好，而是众人共同出击，将其拉回到跟自己一样的地步。所以很多时候，如果你硬要出众，那就会陷入一种孤立的状态。

社会希望人们从众，与团体保持一致的倾向自古以来就有，无论这个团体是我们的朋友、家庭、或是同事，对着装、举止、说话和思想都明显的有规定好的“准则”，当我们对这些准则有所偏离时，我们就会被社会排斥，就会受到他人的嘲笑。

为什么在人际交往中，人们会对他人持排斥的态度呢？如果看一看“桶里的螃蟹”这则寓言就能找到答案了。如果你把一只螃蟹放进桶里，它会想办法用爪子勾住桶的边缘而逃走。然而，如果你把几只螃蟹放进桶里，就没有一只螃蟹能逃走，因为只要一只螃蟹靠近桶边，其他的螃蟹就会一拥而上把它拉回来。

当然，螃蟹并不可能有意识地去阻挠同伴的成功，但是，这种现象似乎很典型地反映了人类的行为。当有的人出类拔萃，与自己不一样时，人们普遍的心理不是希望他好，助他一臂之力，而是众人共同出击，把他拉回到跟自己一样的位置。这种表现，通常来源于人类的嫉妒之心。

作为在职场中打拼的一分子，要想收获幸福，单单遵守规则是远远不够的，更应掌握的，还是要了解人性，学会潜规则。过度表现自己，只会让人心生厌恶，更别说建立好人缘了。

这是职场中必须在意的小节。以下的故事，大家不妨细细体会：

新记者刘圆，报社把她分到娱乐版，跑剧院和影视娱乐圈，这可是个外快不少的美差，其他记者甚是羡慕，可第一天采访她就遇见了怪事。

开完记者会，导演突然偷偷塞了一包东西在刘圆的口袋，刘圆一看是钱，赶紧挡了回去。没想到上车后，导演把钱扔进了车窗，而司机居然不听刘圆喊停车，急忙开上马路。

“拉拉扯扯不好看！”司机解释，摄影记者也跟着点头。

这怎么好？刘圆急得一进报社就向主任报告，并把钱呈了上去。没两天，公布栏贴出记功的告示，嘉奖刘圆的清廉，办公室人人都向刘圆道喜，甚至可以看到嫉妒的眼光。

尤其令人嫉妒的是这种行贿事件，接二连三地发生，有一次到外地采访，某歌星的妈妈，居然半夜敲门，把钱从门缝里塞进来，又像贼似的飞奔而去。

采访组长终于说话了：“以前我和志红跑影剧，都没这种事，为什么老发生在你身上，你自己也要检讨，从今以后换志红跑影剧！”

从此以后，行贿事件果然不再发生，办公室又恢复了往日的平静……

是其他记者都廉洁到分文不取吗？非也！大家拿了红包，有谁会像刘圆那样去交给主任，而且还不止一次，这虽然可以证明自己的清廉，从而获得赞扬，但是也引来了同事的嫉妒，使自己陷入了孤立。

水至清则无鱼，人至察则无徒，做人要懂方圆，该糊涂时不妨糊涂一点，否则就会成为众矢之的，像刘圆一样被贬入“冷宫”。看来，只有懂得什么时候自己露面，什么时候让同事让领导得风光的人，才能在职场中营建好人缘，也才能在生活的海洋中如鱼得水，游刃自如。

5. 懂得适时闭上自己的嘴

有的人天生就有一种表现欲，他们总以为调侃别人能使自己更高明，讽刺别人能让自己更伟大。而事实往往正相反，你越是暴露自己，就越显得你浅薄，也许你在嘲笑别人的时候，别人正在拿你当傻瓜看待。

沙皇尼古拉一世平定了一场由自由分子领导的叛乱，并判处领袖李列耶夫死刑。当绞刑开始时，李列耶夫在一阵摆弄之后，绳索断裂了，他猛然摔落在地上。在当时，类似这样的事情会被当成是天意，犯人通常可以得到赦免。

不料，李列耶夫站起身后，向着人群大喊："你看，他们甚至连制造绳索也不会。"一名卫士立刻前往宫殿报告绞刑失败的消息，并说："陛下，李列耶夫这样说：'你看，他们甚至连制造绳索也不会。'"听到这样的话，沙皇说："那么，让我们来证明事实相反。"第二天，李列耶夫再度被推上绞刑台。这一次绳索没有断裂。

你也许会为李列耶夫的愚蠢而感到好笑，却不会想到，类似的事情可能在你的身上也发生过，只不过没有这么极端罢了。想想你是否为了逞强而说过过激的话就明白了。

你应该明白，如果想要用言语震慑别人，你说得越多，就越显得平庸，而且越不能掌控大局。同时，你说得越多，就越有可能说出愚蠢的话。

相反，如果你说的比需要的少，必定会让人觉得你很了不起，很有权势。因为你的沉默会让其他人不自在，而人是追求诠释和解释的机器，他们想要知道你在想什么，却又无法洞察你的意图，这会让对方觉得你深不可测。

借助言语想要驱使人们去做你希望的事通常是行不通的，他们只会因为你的怪僻而反对你，毁灭你的愿望。所以，在人生绝大部分的领域内，你说得越少，就越显得神秘。当你学会闭上嘴巴时，实际上更有机会拥有权力。

请记住：话一旦出了口，就无法收回。控制你的言语，要特别小心讥讽之言，你从刺人的话中得到的短暂满足感，远远不及你付出的代价。

古人早有明训："言语伤人，胜于刀枪。"许多人常以"嘲弄"他人为乐子，比如有部分综艺节目主持人，戏称未能在比赛中过关的来宾"笨"，或嘲笑比赛者的长相"丑"。其中有些虽然只是属于玩笑性质，但总让人觉得不舒服，毕竟这种"尖酸刻薄"、"有失厚道"的批评，会使听者产生不悦。因此，古人说"丧家亡身，言语占八分"，似有其道理，真是叫人不得不谨慎。

法国巴黎有一名"美食专栏作家"，经常在文章中特别赞誉某家餐厅，或严辞批评某些餐厅的菜肴。有一次，这位专栏作家在专栏中对一家餐厅的菜色作出了"像猪食"的评语，以致激怒了餐厅老板。该老板事后特别邀请此作家去试吃"精致美味的佳肴"，不料作家吃完后脸色大变，晕倒在地，送到医院时已经气绝身亡。餐厅老板被警方逮捕收押后，坦承"设毒宴"下毒，他说："批评我们的美食像猪食的人都该死！"这真叫人瞠目结舌。所以，"专栏作家"们下笔时可得小心点，就像你说话一样，若言词过于尖酸刻薄，批评得太过分，可能就会"惹祸上身"。

我们常常可以在影片中看到监狱中有一个叫做禁闭室的房子，用来惩罚不听话的犯人。房间不仅非常狭窄，而且最重要的是那里既见不到阳光又没有人和你说话，你就这么静静地呆着，一呆两个星期或者更长的时间。实际上，正常的人即使是在里面关上一天，都会觉得度日如年。因为人生性是排斥黑暗和沉默的，沉默使人感到没有依靠，有的时候真的可以让人为之疯狂，所以人常常会沉不住气。

但正因为如此，许多擅长心理战的高手才经常会利用“沉默”这张牌来打击对手，从而达到自己的目的。

台湾有一个经营印刷业的老板，在经营了多年之后，萌发了退休的念头。他原来从美国购进了一批印刷机器，经过几年使用后，扣除磨损费应该还有250万美元的价值。他在心中打定主意，在出售这批机器的时候，一定不能以低于250万的价格出让。

后来，有一个买主在谈判的时候，针对这台机器的各种问题滔滔不绝地讲了很多缺点和不足，这让印刷业的老板十分恼火。但是他在自己刚要发作的时候，突然想起自己250万元的底价，于是又冷静了下来，一言不发，看着那个人继续滔滔不绝。结果到了最后，那人再没有说话的气力，突然蹦出一句：“嘿，老兄，你这个机器我最多能够给你350万元，再多的话我们可真是不要了。”于是，这个老板因为选择了沉默，很幸运地比计划多赚了整整100万元。

沉默并不是简单的指一味地不说话，而是一种成竹在胸、沉着冷静的姿态，尤其在神态上，更是要表现出一种优势在握的感觉，从而逼迫对方沉不住气，先亮底牌。如果你神情沮丧，像霜打的茄子一般，只能是山穷水尽的表现了。

思想家说，沉默是一种美德；教育家说，沉默是一种智慧；文艺家说，沉默是一种魅力。是的，沉默即智慧，它使人深邃，而深邃的人更趋向成熟；是的，沉默即力量，它使人充实，而充实的生命才会永远年轻；是的，沉默即含蓄，它使人想像，而想像给予人的往往更多。麻木不是沉默，蔑视不是沉默，昏睡更不是沉默……

沉默既是一种气质，也是一种风度，更是一种品格。受挫时要学会沉默——在沉默中镇定，在沉默中反省，在沉默中坚强，在沉默中撞击新的火花；成功时更需要沉默——在沉默中冷静，在沉默中清醒，在沉默中寻找新的起点，在沉默中确立新的目标。

6. 别把喜怒哀乐“写”在脸上

喜怒哀乐都写在脸上的人，一般都是比较单纯没有什么城府的人，而要成大事，没有一点城府简直就是痴人说梦。所以，做人要“现实”一点，就要善于隐藏自己的情绪，不给人发现自己弱点的机会。

没有喜怒哀乐的人并不存在，“现实”的人只是不把喜怒哀乐表现在脸上罢了，而这对一个人成就大事往往有着举足轻重的作用，所以，“现实”的人要把喜怒哀乐藏在口袋里，别轻易拿出来给别人看。

一般来说，不轻易表露自己的观点、见解和喜怒哀乐，被称为“深藏不露”，这是用以控制对手的一种重要方法。只有把自己的思想感情隐藏起来，不让别人窥出自己的底细和实力，这样对手就难以钻空子了。

唐代奸相李林甫口蜜腹剑，惯于隐藏自己的真实意图，具有笼络驾驭部下的过人本领。

唐玄宗宠信重用安禄山，此人大奸似忠，貌似粗犷，内有计谋。表面上给人一种憨厚忠直的印象，骨子里却狡诈多端。安禄山想方设法讨取了唐玄宗和杨贵妃的欢心，权位日高，架子也大了起来，渐渐不把朝臣们放在眼里。除了在玄宗面前假装恭顺以外，对其他人都傲慢无礼。这种情况早被李林甫看在眼里。

一天，李林甫召见安禄山。安禄山到李宅之后，长揖拜见，端坐在客位上，显露出一种盛气凌人的架势。李林甫也不动声色，只是用两只小眼睛一动不动地看着他，一句话也没说。安禄山见李林甫目光深邃，咄咄逼人，感到有些不自然，盛气顿时减了一半。这时，李林甫转身告诉下人，有事去找王珙大夫进见。

王珙进屋之后，刷刷刷地迈着小碎步走上前，规规矩矩地向李林甫大礼参拜，十分谨慎小心，诚惶诚恐，好像很怕说错一个字、迈错一条腿似的。当时王珙在朝廷中的实际地位是仅次于李林甫的第二号人物，从来都和安禄山平起平坐。安禄山见王珙对李林甫如此敬重畏惧，不由自主地感到有些窘迫，虽然没去补拜大礼，也立刻恭谨起来，不敢出大气。王珙走后，李林甫才和安禄山说话。他把安禄山所作所为的意图和心理活动都说得十分透辟，全说到安禄山的心里去了，安禄山大吃一惊，想不到自己心灵深处的隐私也让李林甫含而不露地点出来，立时汗流浃背，衬衣湿得粘在身上。这时，李林甫脱下自己穿着的袍子给安禄山披上，用好话安慰他一番。

从此，安禄山虽然经常侮慢别的朝廷大臣，却非常惧怕李林甫。每次来京城，他都要小心谨慎地拜谒李林甫，每次交谈，李林甫都能洞察他的心扉，使他面容改色，汗流浃背。

在范阳时，每当有使者从京城归来，安禄山问的第一句话就是李林甫说他什么了，如果有褒扬他的话就满心欢喜，如果有警告他的话就用手摸着额头说："哦，我可得多加小心，不然，大祸就要临头了。"安禄山怕李林甫竟怕到这种程度。

李林甫也看出安禄山已蓄反心，但觉得自己死前可保无忧，反正安禄山不能取代自己的相位。只要生前能享受荣华富贵，至于唐朝江山如何，哪还顾得上管他呢，所以安禄山在李林甫死前始终未敢作乱。

李林甫晚年与杨国忠争权，杨国忠背后有杨贵妃撑腰，略占上风。当时李林甫年老病重已成风中之烛。听说李林甫已经生命垂危，杨国忠心中暗喜。为了探听虚实，就亲自去李林甫家中问候。不知为何，李林甫虽然病容憔悴，但目光还是那么尖锐，杨国忠不由自主地腿就软了，“扑通”一声跪倒在病床前。

李林甫见状，流下两颗泪珠，说：“林甫就要死了，我死后你必当宰相，以后我的家事就要托累你了。”杨国忠早领教过李林甫的厉害，深知此人狡猾奸伪，惧怕李林甫设计诈骗，所以非常紧张，满头大汗，竟半天不敢说话。李林甫城府之深由此可窥豹一斑。

事实上，喜怒哀乐是人的基本情绪，这世界上心如止水，没有喜怒哀乐的人只能是“植物人”。不露喜怒哀乐，这种人其实蛮可怕的，因为你不知道他对某件事的反应、对某个人的观感，让人面对他时，有不知如何应对的慌乱。

无论何人，多多少少练就了察言观色的本事，他们会根据你的喜怒哀乐来调整与你相处的方式，并进而顺着你的喜怒哀乐来为自己谋取利益。你也会在不知不觉中，意志受到了别人的掌控。如果你的喜怒哀乐表达失当，有时会招来无端之祸。

因此，“现实”的人一般都不随便表现这些情绪，以免被人看破弱点，予人以可乘之机。喜怒不利于色的人最有“心机”，越是成大事的人，城府越深。

7. 既要埋头耕作，又要关注收获

过去，社会上一些年长者担心年轻人不肯踏踏实实地付出劳动，常常语重心长地告诫年轻人要“只讲耕作，少问收获”，要相信“桃李不言，下自成蹊”。如今，这一套已经不灵了，作为一个“现实”的人，不仅要“讲耕作”，更要“问收获”。

有些人可能都有这样一种感觉：自己的同学、朋友，几年不见，聊起天来，眼里多半都是收获，这个当官了，那个成了专家。这时候是最刺激人的，这些你不由地黯然神伤，顿生感慨……

所以，做人在利益面前，不要逆来顺受，也不要过分谦让，应该大胆地向领导要求自己应该得到的。“丑话说在前头”，在接受任务时谈好报酬更易让领导接受。争利把握好度，既不争小利，不计较小得失，又不能不闻不问，任由别人欺负。当然，折扣的方法有时也很奏效。

当我们考虑工作究竟是为什么的时候，可能有很多不同的回答，比如为社会做贡献、为人民服务等等，这些都是可以上电视或发新闻的话。然而，任何人都不能否认我们是为利益而工作，比如金钱、福利、职务、荣誉等等，否则就未免太虚伪了。在当今市场经济体制下，我们说为利益而工作是正大光明的。

之所以强调在与领导相处的过程中，要学会争利这个问题，就是因为现在还有那么许许多多的老实人因为不会争利而频频“吃亏”。这种人不敢争利，甚至连自己应该得到的也不敢开口向领导要求，既怕同事有看法，也怕给领导造成坏印象，大有“君子不言利”的味道。

事实上，争利是应该的。常言道：老实人吃哑巴亏，会哭的孩子有奶吃。这都是我们的祖先总结出的地地道道的“真经”。在同等条件下，两个同事工作都算对得起自己的良心，比较勤恳认真，但在分房时，一个“有苦难言”，对领导只提了一次要求，虽然自己已经结婚五年，可三口人仍挤在一间破旧的平房里；但另一位却三天两头地找领导诉苦，有空就拨拨领导脑子里分房的那根弦，结果被优先考虑，而他的那位老实巴交的同事，却只能眼巴巴地看着别人住进了宽敞明亮的新房。

老实人认为向领导要求利益，就肯定要与领导发生冲突，给领导找麻烦，影响两者的关系，因而什么都不敢提，结果往往也是一事无成。要知道，干好本职工作是份内的事，要求自己应该得到的也是合情合理的，付出越多，成绩越大，应该得到的就越多。

做人应该知道，只要你能为领导干出成绩，向领导要求你应该得到的利益，他也会满心欢喜的。如果你无所作为，无论在利益面前表现得多么“老实”，领导也不会欣赏你。

事实上，从领导艺术上讲，善于驾驭下属的领导，也善于把手中的利益作为笼络人心、激发下属的一种手段。可见，下属要求利益与领导把握利益，是一个积极有效的处理上下关系的互动手段。

一个有价值的人，一个有成就的人，为自己的利益而争是光明正大的。向领导要求利益大有学问，关键是要把握好火候和分寸，具体注意以下两点：

（1）在执行重大任务以前，争取领导的承诺

现实表明，领导在交办重要任务时，常常利用承诺作为一种激励手段，对下属而言，这既是压力又是动力；对领导而言，心理上也感到踏实、稳定，他坚信“重赏之下必有勇夫”。如果领导在交代任务时忘记了承诺，或不好做出承诺，你应该提前要求你应该得到的，这不是什么趁火

打劫，领导也较容易接受。

尤其是牵涉经济利益和好处的一些事情，领导也深明其中的利害，把这样的任务交给你去办，他能不存疑心吗？比如你或许能在其中捞点回扣、作点手脚、收取礼品等等，领导都能胜算到。如果你接受任务时不声不响非常痛快，领导往往会认为“你这小子这么高兴地接受了，心存不良”。所以，老实人最好有话说在前面，有要求提在前面，要玩“马前卒”，不要搞“马后炮”。

（2）要求利益要把握好“度”，关键是要见机行事

某些人向领导提要求很不会把握分寸，往往要求很高，引起领导的反感，招致奚落。依我们的经验，需要做到以下几点：

①不争小利。不为蝇头小利伤心动气，略显宽广胸怀、大将风度，在领导心目中形成“甘于吃亏”、“会吃亏”的好印象，在小利上坚持忍让为先。

②按“值”论价，等价交换。最简单的例子，如你拉到10万元赞助费或为单位创利100万元，你要按事先谈好的“提成”比例索取报酬，不能扩大要求，也不要让领导削减对你的奖励。

③夸大困难，允许领导打折扣。“漫天要价，就地还钱”也是对付一些喜欢打折扣的领导的方法。有时你把困难说小了，领导可能给你记功小，给你的好处也少。因此，要学会充分“发掘”困难，善于向领导表露困难，要求利益时可以放得大些，比你实际想得到的多一些，给领导一些打折扣“余地”，不给他造成你“想要多少就给多少”的想法。